Shraddha N. Zanjat
Vishwajit K. Barbudhe
Bhavana S. Karmore

Cinemática robótica

Shraddha N. Zanjat
Vishwajit K. Barbudhe
Bhavana S. Karmore

Cinemática robótica

ScienciaScripts

Imprint

Any brand names and product names mentioned in this book are subject to trademark, brand or patent protection and are trademarks or registered trademarks of their respective holders. The use of brand names, product names, common names, trade names, product descriptions etc. even without a particular marking in this work is in no way to be construed to mean that such names may be regarded as unrestricted in respect of trademark and brand protection legislation and could thus be used by anyone.

Cover image: www.ingimage.com

This book is a translation from the original published under ISBN 978-620-7-47127-0.

Publisher:
Sciencia Scripts
is a trademark of
Dodo Books Indian Ocean Ltd. and OmniScriptum S.R.L publishing group

120 High Road, East Finchley, London, N2 9ED, United Kingdom
Str. Armeneasca 28/1, office 1, Chisinau MD-2012, Republic of Moldova, Europe
Printed at: see last page
ISBN: 978-620-7-98110-6

Conteúdo

Referências: 2
CAPÍTULO I 3
CAPÍTULO II 15
CAPÍTULO III 42
CAPÍTULO IV 49

Referências:

1. Craig, J. J. "Introduction to Robotics: Mechanics and Control". Pearson, 2005.
2. Siciliano, B., & Khatib, O. (Eds.). "Springer Handbook of Robotics". Springer, 2008.
3. Murray, R. M., Li, Z., & Sastry, S. S. "A Mathematical Introduction to Robotic Manipulation". CRC Press, 1994.
4. Paul, R. P. "Robot Manipulators: Mathematics, Programming, and Control". MIT Press, 1981.
5. Spong, M. W., Hutchinson, S., & Vidyasagar, M. "Robot Modeling and Control". Wiley, 2006.
6. Corke, P. "Robotics, Vision and Control: Fundamental Algorithms in MATLAB". Springer, 2011.

CAPÍTULO I

I INTRODUÇÃO E CINEMÁTICA ROBÓTICA

Definição de um robô

* "Um manipulador reprogramável e multifuncional concebido para mover materiais, peças, ferramentas ou dispositivos especializados através de vários movimentos programados para a execução de uma variedade de tarefas" .

Ou uma versão mais simples

* *Dispositivo automático que desempenha funções normalmente atribuídas a seres humanos ou a uma máquina com a forma de um ser humano.*

Máquina de uso geral, programável, com certas caraterísticas antropomórficas

Ambientes de trabalho perigosos

Ciclo de trabalho repetitivo

Coerência e exatidão

Tarefa de manuseamento difícil para humanos Operações em vários turnos Reprogramável, flexível Interfaces com outros sistemas informáticos

Necessidade de robôs industriais

* Tarefas repetitivas que os robots podem fazer 24 horas por dia, 7 dias por semana.
* Os robôs nunca ficam doentes ou precisam de folga.
* Os robôs podem realizar tarefas consideradas demasiado perigosas para os seres humanos.
* Os robots podem operar equipamentos com uma precisão muito superior à dos humanos.
* Pode ser mais barato a longo prazo
* Pode ser capaz de executar tarefas que são impossíveis para os seres humanos

Os robots também são utilizados para as seguintes tarefas:

* Tarefas sujas
* Tarefas repetitivas
* Tarefas perigosas
* Tarefas impossíveis
* Robots que ajudam os deficientes.

Em primeiro lugar, são trabalhadores e fiáveis. Podem fazer trabalhos perigosos ou trabalhos que são muito aborrecidos ou cansativos para os humanos. Podem trabalhar 24 horas por dia sem se queixarem e sem precisarem de descanso, comida ou férias. E os robôs podem ir a lugares que os humanos não podem, como a superfície de Marte, as profundezas do oceano ou o interior das partes radioactivas de uma central nuclear

As Leis da Robótica de Asimov (1942)

* Um robô não pode ferir um ser humano ou, por inação, permitir que um ser humano fique em perigo
* Um robô deve obedecer às ordens que lhe são dadas por seres humanos, exceto se essas ordens entrarem em conflito com a Primeira Lei.

- Um robô deve proteger a sua própria existência, desde que essa proteção não entre em conflito com a Primeira ou a Segunda Lei.

Anatomia do robô

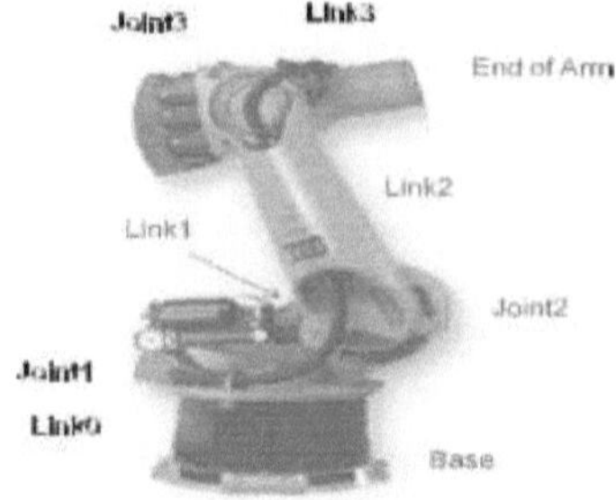

Fig 1.1 Anatomia do robô

Principais componentes dos robôs industriais

Braço ou Manipulador

Efectores finais

Mecanismo de acionamento

Controlador

Caraterísticas personalizadas: por exemplo, sensores e transdutores

O manipulador é constituído por articulações e ligações

As articulações proporcionam movimentos relativos

As ligações são elementos rígidos entre as articulações

Vários tipos de juntas: lineares e rotativas

Cada articulação fornece um "grau de liberdade"

Corpo e braço - para posicionamento de objectos no volume de trabalho do robô

Conjunto de pulso - para orientação de objectos

Movimento de translação

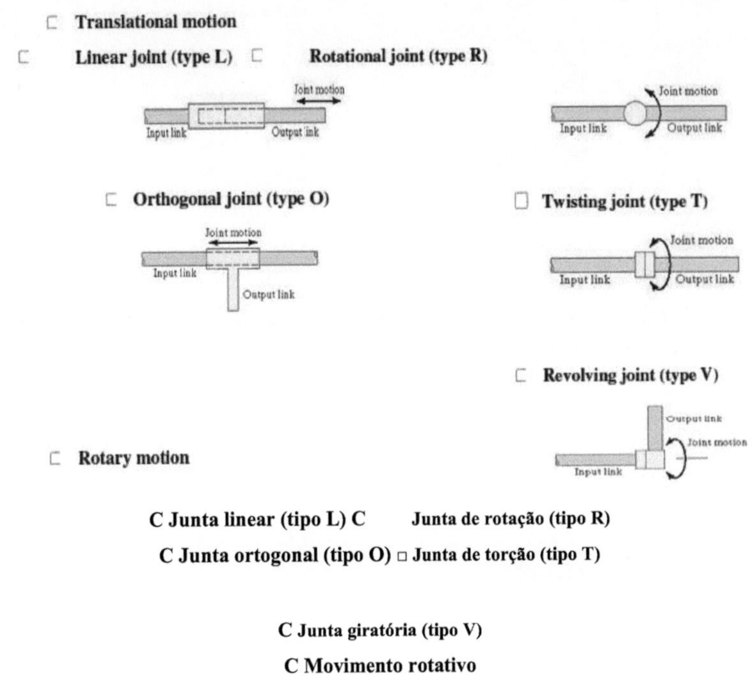

C Junta linear (tipo L) C   Junta de rotação (tipo R)

C Junta ortogonal (tipo O) ▢ Junta de torção (tipo T)

C Junta giratória (tipo V)

C Movimento rotativo

Fig 1.2 Juntas do robot

Classificação dos robôs com base na configuração dos robôs Montagem de corpo e braço em coordenadas polares

Consiste num braço deslizante (articulação L) acionado em relação ao corpo, que pode rodar em torno de um eixo vertical (articulação T) e de um eixo horizontal (articulação R) Notação TRL:

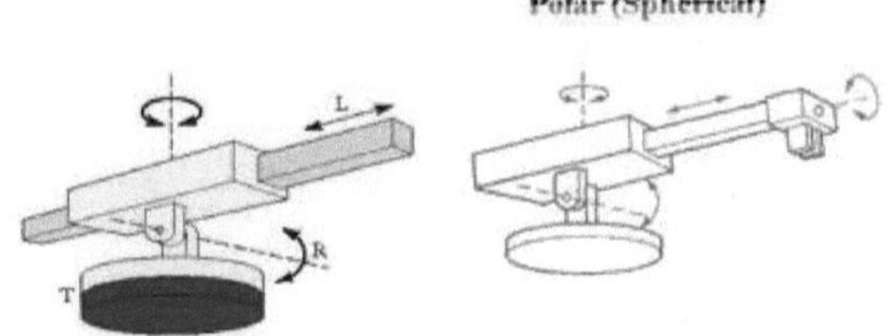

Fig 1.3 Configuração polar

Conjunto cilíndrico de corpo e braço

Consiste numa coluna vertical, em relação à qual um conjunto de braços é deslocado para cima ou para baixo. O braço pode ser deslocado para dentro ou para fora em relação à coluna Notação TLO:

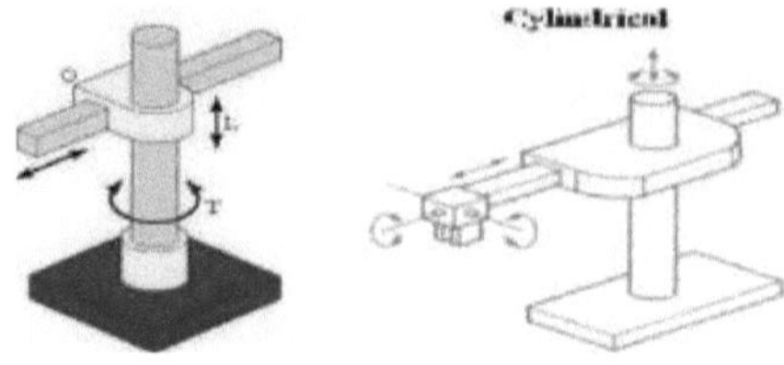

Fig 1.4 Configuração cilíndrica

Coordenadas cartesianas Conjunto corpo-braço

Consiste em três articulações deslizantes, duas das quais são ortogonais. Outros nomes incluem robô retilíneo e robô x-y-z Notação LOO:

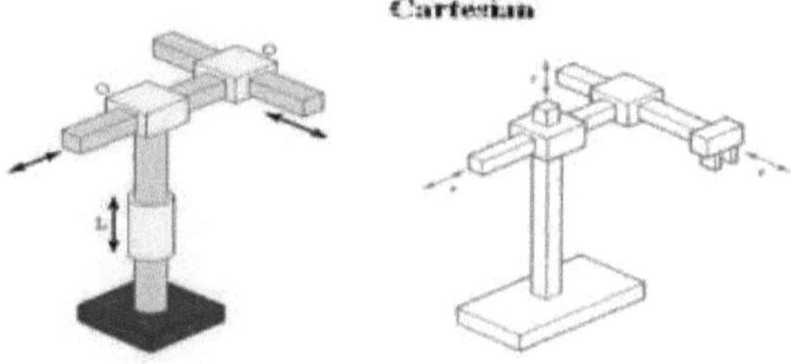

Fig 1.5 Configuração cartesiana

Robô de braço articulado

De aspeto semelhante ao braço humano Base rotativa, articulação do ombro, articulação do cotovelo, articulação do pulso.

Notação TRR:

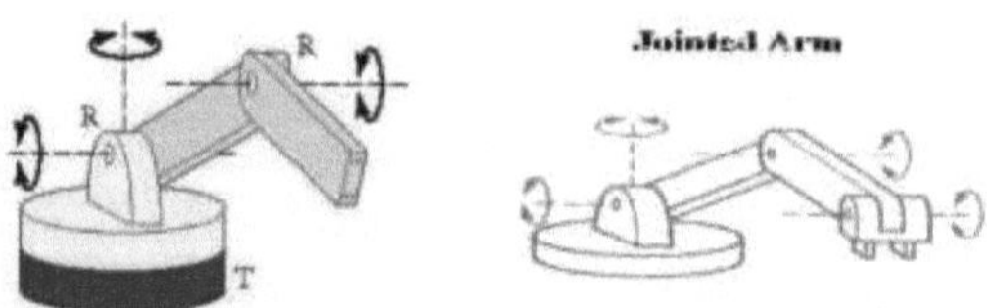

Fig 1.6 Configuração de braço articulado

Configurações do pulso do robô

C O conjunto do pulso é fixado à extremidade do braço

C Os parafusos de acionamento estão ligados ao conjunto do pulso

C A função do conjunto do pulso é orientar os dispositivos de ação final

C O corpo e o braço determinam a posição global dos objectos finais

C Dois ou três graus de liberdade:

Rolo C

C Pitch

C Yaw

Notação C :RRT

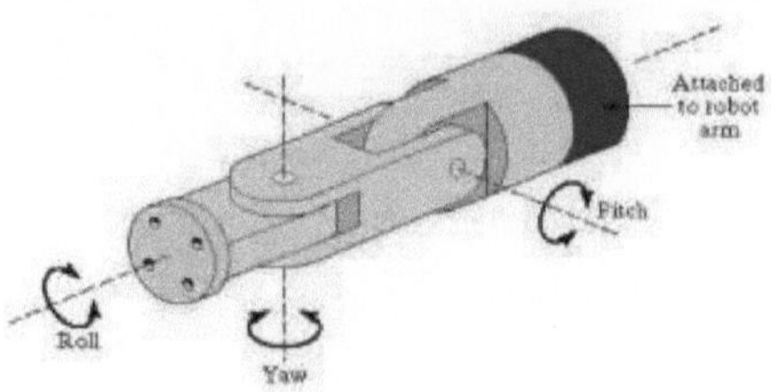

Fig1. 7 Configurações de pinças

- tem normalmente 3 graus de liberdade

-    *O rolamento* envolve a rotação do pulso em torno do eixo do braço

-    Rotação do pulso para cima e para baixo

-    Rotação do pulso para a esquerda e para a direita

- Os afectores finais são montados no pulso

Seis graus de liberdade de um robô

Três movimentos do braço e do corpo e três movimentos do pulso.

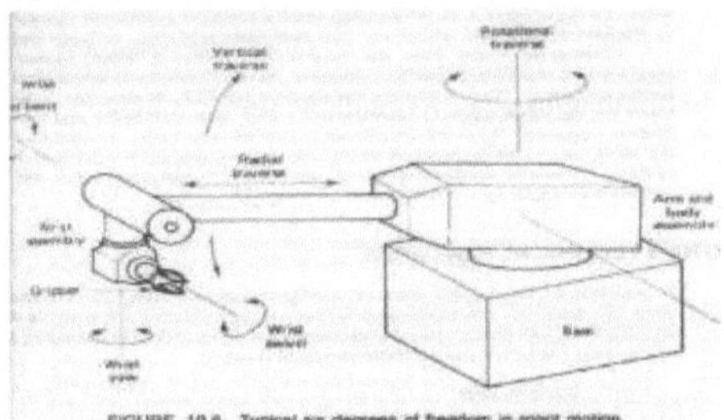

Fig 1.8 Robô Manipulador com seis graus de liberdade

Volume de trabalho de um robot

Região espacial dentro da qual a extremidade do pulso do robot pode ser manipulada Determinado por

-    Configurações físicas

-    Tamanho

-    Número de eixos

-    A posição de montagem do robô (pórtico suspenso, montado na parede, montado no chão, sobre carris)

-    Limites das configurações de braços e articulações

-    A adição de um sistema de controlo final pode mover ou deslocar todo o volume de trabalho

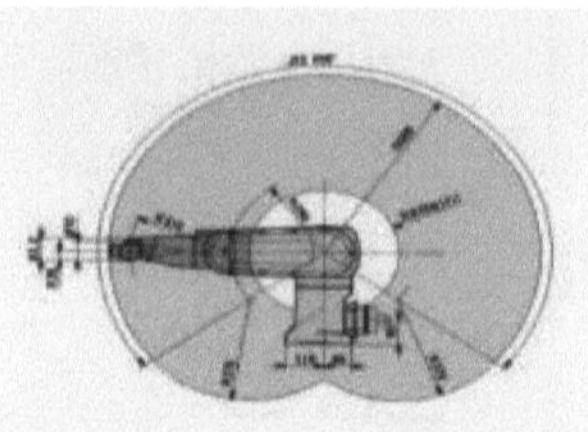

Fig 1.9 Volume de trabalho do robô

- Espaço no qual um robô pode operar.
- Determinado pela sua configuração, dimensão e limites dos seus braços. Várias formas de volume de trabalho dos robots
- Coordenadas polares -   Esfera parcial
- Coordenadas cilíndricas - Cilíndricas
- Cartesiano - Retangular
- Braço articulado - Irregular

Precisão de movimento

A precisão com que o robot pode mover a extremidade do seu pulso

1. **Resolução espacial**
2. **Exatidão**
3. **Repetibilidade**

Resolução espacial

O menor incremento de movimento na extremidade do pulso que pode ser controlado pelo robô

Depende do sistema de controlo de posição, da medição de retorno e da precisão mecânica

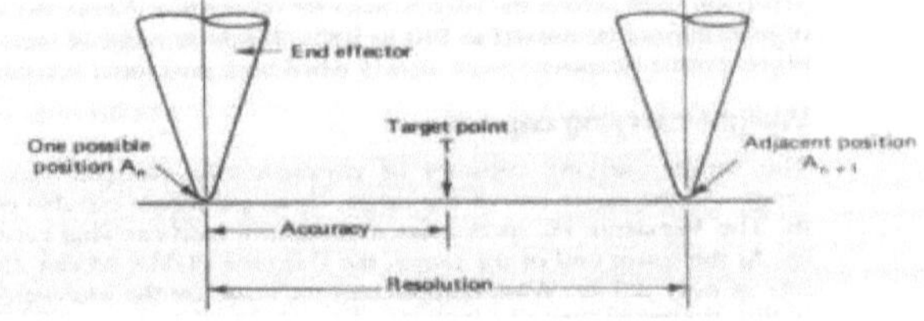

Fig 1.10 Resolução espacial

O mais pequeno incremento de movimento

Depende do sistema de controlo e do feedback

Resolução de controlo =alcance

Incrementos de controlo

Exatidão

Capacidade de posicionar o pulso num ponto-alvo do volume de trabalho

- Metade da distância entre dois pontos de resolução adjacentes

8

- Afetado por imprecisões mecânicas
- Os fabricantes não fornecem a precisão (difícil de controlar)

A capacidade de um robot para se deslocar para a posição especificada sem cometer erros. Intimamente relacionada com a resolução espacial

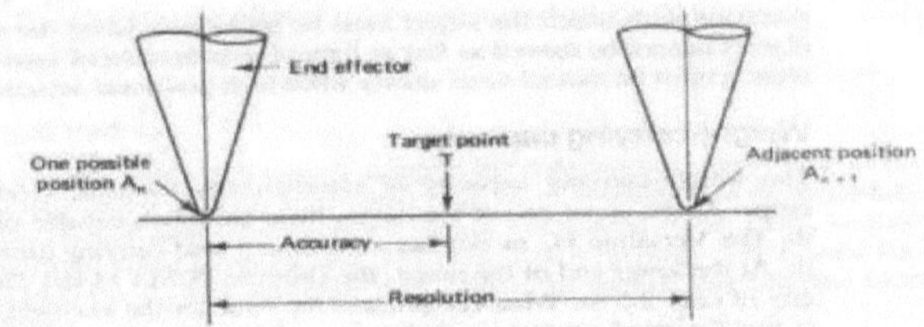

Fig 1.11 Precisão

Repetibilidade

Capacidade de voltar a posicionar-se num ponto que foi ensinado anteriormente

- Os erros de repetibilidade formam uma variável aleatória.
- Imprecisões mecânicas nos componentes do braço e do pulso
- Os robots de maiores dimensões têm valores de repetibilidade menos precisos

Capacidade de posicionar um pulso de volta ao ponto visitado anteriormente.

Capacidade de carga

- A capacidade de elevação fornecida pelo fabricante não inclui o peso dos objectos terminais
- Gama habitual 2.5lb-2000lb

- Condição a ser satisfeita:

Capacidade de carga > Peso total da peça de trabalho + Peso dos dispositivos de acionamento + Gama de segurança

Velocidade de deslocação

Velocidade com que o robô pode manipular os objectos finais Os tempos de aceleração/desaceleração são cruciais para o tempo de ciclo. -Determinado por

Peso do objeto Distância percorrida

Precisão com que o objeto deve ser posicionado

A quantidade de distância por unidade de tempo a que o robot se pode deslocar. Velocidade dos objectos de efeito final

Determinado pelo peso do objeto

Efectores finais

C As ferramentas especiais de um robô que lhe permitem executar uma tarefa específica

C Dois tipos:

C Pinças - para agarrar e manipular objectos (por exemplo, peças) durante o ciclo de trabalho

C Ferramentas - para executar um processo, por exemplo, soldadura por pontos, pintura por pulverização

Dispositivo ligado ao pulso do robô para executar uma tarefa específica

Pinças

Uma pinça mecânica de dois dedos para agarrar peças rotativas

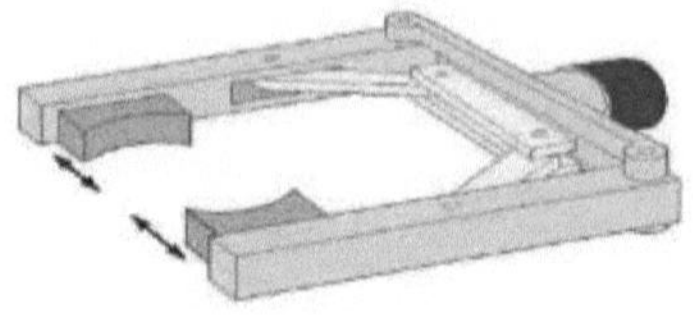

Fig 1.12 Garra mecânica do robô

C Pinças duplas

C Dedos intermutáveis

C Feedback sensorial

C Sentir a presença do objeto

C Para aplicar uma força específica no objeto

C Pinça de dedos múltiplos (semelhante à mão humana)

C Produtos de pinças standard para reduzir a quantidade de design personalizado necessário

-   Pinças mecânicas

-   Ventosas ou ventosas de vácuo

-   Pinças magnetizadas

-   Ganchos

-   Colheres (para transportar líquidos)

-   Pistola de soldadura por pontos

-   Ferramentas de soldadura por arco

-   Pistola de pintura por pulverização

-   Mandril de perfuração

-   Esmeris, escovas de arame

-   Maçaricos de aquecimento

Sensores em robótica

Duas categorias básicas de sensores utilizados nos robots industriais:

1. Interno - utilizado para controlar a posição e a velocidade das articulações do manipulador

2. Externo - utilizado para coordenar o funcionamento do robot com outros equipamentos na célula de trabalho

C Táctil - sensores tácteis e sensores de força

C Proximidade - quando um objeto está próximo do sensor

C Ótica -

C Visão artificial

C Outros sensores - temperatura, tensão, etc.

Tipos de sensores:

Sensores tácteis (sensores tácteis, sensores de força, sensores de matriz tátil)

Sensores de proximidade e de alcance (sensores ópticos, sensores acústicos, sensores electromagnéticos)

Sensores diversos (transdutores e sensores que detectam variáveis como a temperatura,

pressão, fluxo de fluido, termopares, voz

sensores) Sistemas de visão artificial

Utilizações de sensores:

Controlo de segurança

Interbloqueios no controlo de células de trabalho

Inspeção de peças para controlo de qualidade

Determinação de posições e informações relacionadas com objectos

Caraterísticas desejáveis dos sensores:

Exatidão

Funcionamento

gama Velocidade de

resposta

Calibração

Fiabilidade

Custo e facilidade de funcionamento

Sistema de coordenadas mundiais

C A origem e os eixos do manipulador do robot são definidos em relação à base do robot

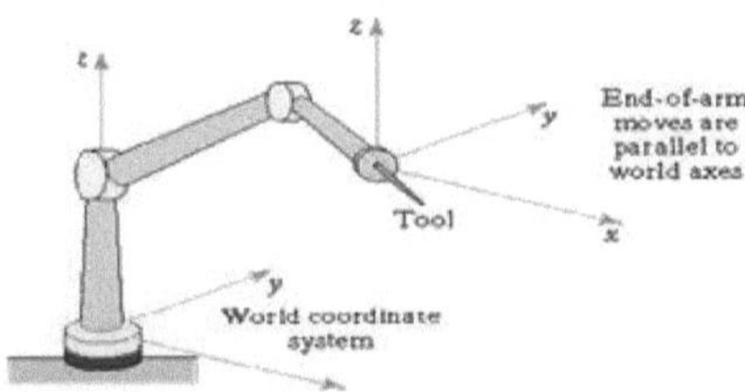

Fig 1.13 Sistema de coordenadas mundiais

Sistema de coordenadas da ferramenta

C O alinhamento do sistema de eixos é definido em relação à orientação da placa frontal do pulso (à qual a garra está ligada)

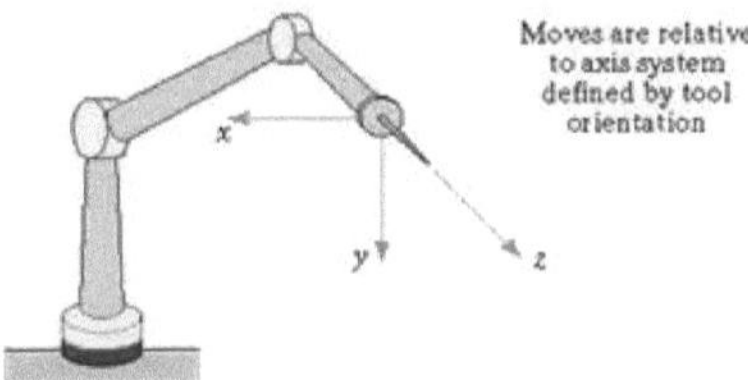

Fig 1.14 Sistema de coordenadas da ferramenta

11

Cinemática direta e inversa

A cinemática direta (para a frente) é um mapeamento do espaço de coordenadas das articulações para o espaço das posições dos efectores finais. Ou seja, conhecemos a posição de todas (ou algumas) articulações individuais e estamos à procura da posição dos afectores finais. Matematicamente: $\sim q \to T (\sim q)$ A cinemática direta pode ser imediatamente utilizada em sistemas de medição de coordenadas. Os sensores nas articulações informam-nos sobre a posição relativa das ligações, as coordenadas das articulações. O objetivo é calcular a posição do ponto de referência do sistema de medição.

A cinemática inversa é um mapeamento do espaço das posições dos efectores finais para o espaço das coordenadas das articulações. Ou seja, sabemos a posição dos efectores finais e estamos à procura das coordenadas de todas as articulações individuais. Matematicamente: T $\to \sim q(T)$ A cinemática inversa é necessária para o controlo de robôs, uma vez que se conhece a posição pretendida da pinça, mas para o controlo são necessárias as coordenadas das articulações.

Cinemática para a frente (ângulos para a posição)

O que lhe é dado: O comprimento de cada ligação

O ângulo de cada articulação

   O que pode encontrar: A posição de qualquer ponto

(ou seja, são as coordenadas (x, y, z)

Cinemática inversa (posição para ângulos)

O que lhe é dado: O comprimento de cada ligação

A posição de um ponto no robot

O que podes encontrar: Os ângulos de cada articulação necessários para obter essa posição

Cinemática de avanço

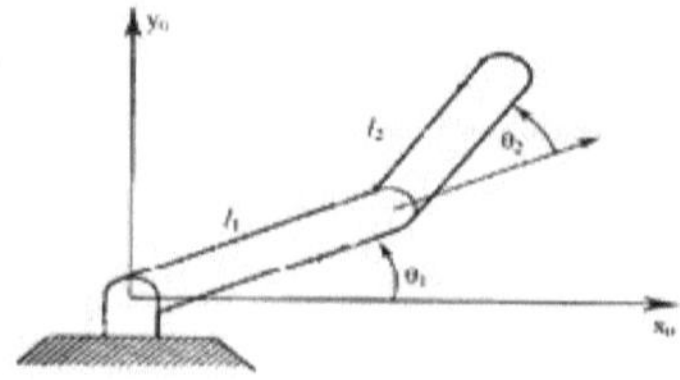

Fig 1.15 Cinemática de avanço

A situação:

Tem um braço robótico que começa por estar alinhado com o eixo x_o . A primeira ligação move-se por U_1 e a segunda ligação move-se por U_2

1. Abordagem geométrica

12

Esta pode ser a solução mais fácil para uma situação simples. No entanto, repara que os ângulos são medidos em relação à direção da ligação anterior. (O primeiro elo é a exceção. O ângulo é medida em relação à sua posição inicial). Para robôs com mais elos e cujo braço se estende a 3 dimensões, a geometria torna-se muito mais fastidiosa.

2. Abordagem algébrica

Envolve transformações de coordenadas.

O braço é composto por três elos que começam alinhados no eixo x. Cada elo tem comprimentos l_1 , l_2 , l_3 , respetivamente. Dizemos ao primeiro para se mover por U_1 , e assim por diante, como sugere o diagrama. Encontre a matriz homogénea para obter a posição do ponto amarelo no quadro X Y^{00} .

Fig 1.16 Manipulador cinemático

H = R_z(**U1**) * T_{x1}(**l1**) * R_z(**U2**) * T_{x2}(**l2**) * R_z(**U3**) ou seja, rodando por U_1 colocá-lo-á no quadro X Y^{11} .

Transladar ao longo do eixo X^1 por l_1 .

A rotação em U_2 coloca-o no quadro X Y^{22} .

e assim sucessivamente até se encontrar na moldura X Y^{33} .

A posição do ponto amarelo em relação ao quadro X Y^{33} é

(l_1 , 0). Multiplicando H por esse vetor de posição, obtém-se$_0$ u t$_0$ as coordenadas do ponto amarelo relativamente ao quadro X Y.

H = R_z(U1) * T_{x1}(l1) * R_z(U2) * T_{x_0}2(l_0 2) * R_z(U3)

* T_{x3} (l3) Isto leva-o da moldura X Y para a

X Y^{44} quadro.

A posição do ponto amarelo relativamente à moldura X Y é (0, 0).

0
0
H
0

Repare que a multiplicação pelo vetor (0, 0, 0, 1) será igual à última coluna da matriz H.

Cinemática Inversa de um Manipulador de Dois Elos

Da posição aos ângulos

Dados: l_1 , l_2 , x , y

Procurar: U1, U2

Redundância:

Não existe uma solução única para este problema. Note-se que, utilizando os "dados", são possíveis duas soluções.

CAPÍTULO II

ACCIONAMENTO E CONTROLO DE ROBÔS

Sistemas de controlo de robôs

Controlo de sequência limitado - operações de recolha e colocação utilizando batentes mecânicos para definir posições

Reprodução com controlo ponto a ponto - regista o ciclo de trabalho como uma sequência de pontos e, em seguida, reproduz a sequência durante a execução do programa

Reprodução com controlo de trajetória contínua - maior capacidade de memória e/ou capacidade de interpolação para executar trajectórias (para além de pontos)

Controlo inteligente - apresenta um comportamento que o faz parecer inteligente, por exemplo, responde a entradas de sensores, toma decisões, comunica com seres humanos

Sistema de controlo do robô

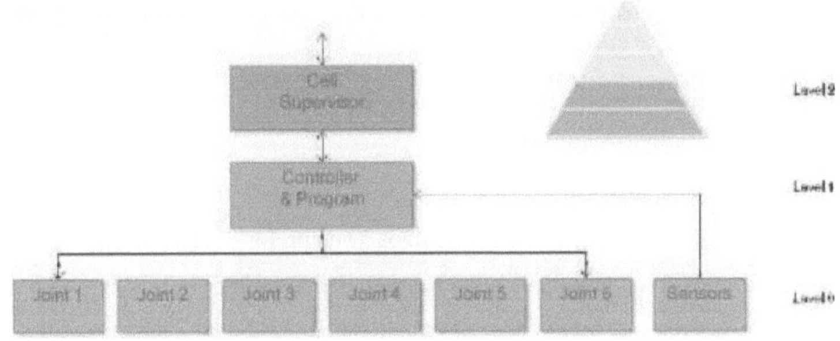

Fig 2.1 Sistema de controlo do robô

Controlo de movimentos

• Controlo do percurso - a precisão com que um robô traça um determinado percurso (essencial para aplicações de colagem, pintura e soldadura);

• Controlo da velocidade - a forma como a velocidade é controlada (essencial para aplicações de colagem e pintura)

• **Tipos de vias de controlo:**

- Controlo ponto a ponto (utilizado na montagem, paletização, carregamento de máquinas);

- Controlo de percurso contínuo/passagem (pulverização de tinta, soldadura).

- percurso controlado (pulverização de tinta, soldadura)

□ Controlo de sequência limitado - operações de recolha e colocação utilizando batentes mecânicos para definir posições

□ Reprodução com controlo ponto a ponto - regista o ciclo de trabalho como uma sequência de pontos e, em seguida, reproduz a sequência durante a execução do programa

□ Reprodução com controlo de trajetória contínua - maior capacidade de memória e/ou capacidade de interpolação para executar trajectórias (para além de pontos)

□ Controlo inteligente - apresenta um comportamento que o faz parecer inteligente, por exemplo, responde a entradas de sensores, toma decisões, comunica com seres humanos

Sistema de controlo do robô

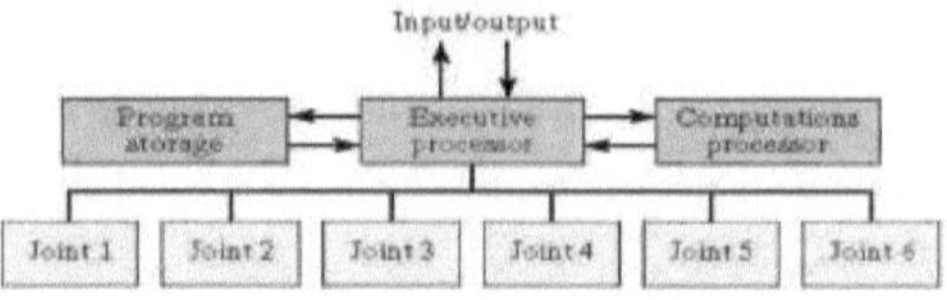

Fig 2.2 Sistema de controlo do robô

O controlo de robôs consiste em estudar a forma de fazer com que um robô manipulador execute uma tarefa. A conceção do controlo pode ser dividida, grosso modo, nas seguintes etapas

• Familiarização com o sistema físico em causa,

• Modelação.

• Especificações de controlo.

Especificações de controlo Definição dos objectivos de controlo: - Estabilidade - Regulação - Seguimento de trajectórias (controlo de movimentos) - Otimização.

• Estabilidade. Consiste na propriedade de um sistema de continuar a funcionar num determinado regime ou "próximo" dele "para sempre". - Teoria da estabilidade de Lyapunov. - Teoria da estabilidade input-output. No caso em que a saída y corresponde à posição conjunta q e à velocidade q' . · Regulamento "Controlo de posição em coordenadas conjuntas" -

Seguimento de trajectórias "Controlo de seguimento em coordenadas conjuntas"

Métodos de controlo

- CONTROLO NÃO SERVO

- implementada através da definição de limites ou paragens mecânicas para cada junta e da sequenciação do acionamento de cada junta para realizar o ciclo

- robô de ponto final, robô de sequência limitada, robô bang-bang

- Não há controlo sobre o movimento nos pontos intermédios, apenas os pontos finais são conhecidos

- Programação efectuada por

- definição da sequência de movimentos pretendida

- ajustar os batentes finais para cada eixo em conformidade

SERVO CONTROLO

- Controlo ponto a ponto

- Controlo da via contínua

- Controlo de circuito fechado utilizado para monitorizar a posição, a velocidade (outras variáveis) de cada articulação

- a sequência de movimentos é controlada por um "squencer", que utiliza o feedback recebido

das paragens finais para indexar o passo seguinte no programa

• Baixo custo e fácil manutenção, fiável

• velocidade relativamente elevada

• repetibilidade de até 0,01 polegada

• flexibilidade limitada

• normalmente accionamentos hidráulicos e pneumáticos

Controlo ponto a ponto

• Apenas os pontos finais são programados, o caminho utilizado para ligar os pontos finais é calculado pelo controlador

• o utilizador pode controlar a velocidade e pode permitir movimentos lineares ou lineares parciais

• O controlo de feedback é utilizado durante o movimento para verificar se as articulações individuais atingiram a localização pretendida

• Frequentemente utilizados accionamentos hidráulicos, tendência recente para servomotores

• cargas até 500 lb e grande alcance

• Aplicações

• operações do tipo "pick and place

• paletização

• carregamento da máquina

• Para além do controlo sobre os pontos finais, é possível controlar o caminho percorrido pelos objectos finais

• A trajetória é controlada pela manipulação das articulações ao longo de todo o movimento, através do controlo em circuito fechado

• Aplicações:

- pintura por pulverização, polimento, retificação, soldadura por arco

Sensores em robótica

Duas categorias básicas de sensores utilizados nos robots industriais:

1. Interno - utilizado para controlar a posição e a velocidade das articulações do manipulador

2. Externo - utilizado para coordenar o funcionamento do robô com outros equipamentos na célula de trabalho □ Táctil - sensores tácteis e sensores de força

□ Proximidade - quando um objeto está próximo do sensor □ Ótico -

□ Visão artificial □ Outros sensores - temperatura, tensão, etc.

Sistema de tração eléctrica

□ Utiliza motores eléctricos para acionar as articulações individuais

□ Sistema de acionamento preferido nos robôs actuais

□ Motor elétrico (passo, servo, menos força, melhor precisão e repetibilidade)

Sistema de acionamento hidráulico

□ Utiliza pistões hidráulicos e actuadores de palhetas rotativas

□ Destacados pela sua elevada potência e capacidade de elevação

□ Hidráulica (mecânica, alta resistência)

Sistema de acionamento pneumático

□ Normalmente limitado a robôs mais pequenos e a aplicações simples de transferência de materiais

□ Pneumático (rápido, menos força)

- Sistema de acionamento **hidráulico**

- Alta resistência e alta velocidade

- Robôs de grandes dimensões, ocupa espaço no chão

- Simplicidade mecânica

- Utilizado normalmente para cargas pesadas

- **Motor elétrico (Servo/Stepper)** Sistema de acionamento

- Elevada precisão e repetibilidade

- Baixo custo

- Menos espaço no chão

- Manutenção fácil

- Sistema de acionamento **pneumático**

- Unidades mais pequenas, montagem rápida

- Elevada taxa de ciclos

- Manutenção fácil

Servo-válvulas electro-hidráulicas

Uma servo-válvula electro-hidráulica (EHSV) é uma válvula acionada eletricamente que controla a forma como o fluido hidráulico é encaminhado para um atuador. As servo-válvulas e as válvulas servo-proporcionais funcionam transformando um sinal de entrada analógico ou digital variável num conjunto de movimentos suaves num cilindro hidráulico. As servo-válvulas podem proporcionar um controlo preciso da posição, velocidade, pressão e força com boas caraterísticas de amortecimento pós-movimento.

Na sua forma mais simples, um servo ou um servomecanismo é um sistema de controlo que mede a sua própria saída e força a saída a seguir rápida e precisamente um sinal de comando, ver Figura 11. Desta forma, o efeito de anomalias no próprio dispositivo de controlo e na carga pode ser minimizado, bem como a influência de perturbações externas. Um servomecanismo pode ser concebido para controlar quase todas as grandezas físicas, por exemplo, movimento, força, pressão, temperatura, tensão ou corrente eléctrica.

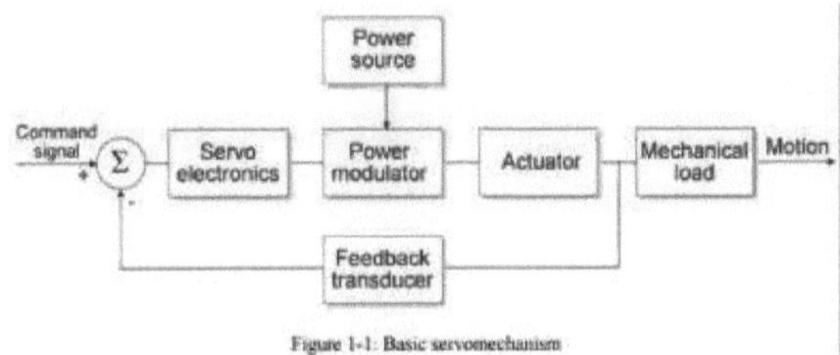

Fig 2.3 Mecânica básica do servo

Capacidades dos servos electro-hidráulicos Quando é necessário um controlo rápido e preciso de cargas de grandes dimensões, um servo electro-hidráulico é frequentemente a melhor abordagem ao problema. De um modo geral, o servo-atuador hidráulico proporciona uma resposta rápida, força elevada e caraterísticas de curso curto. As principais vantagens dos componentes hidráulicos são.

- Controlo fácil e preciso da posição e velocidade da mesa de trabalho
- Boas caraterísticas de rigidez
- Zero reacções adversas
- Resposta rápida a mudanças de velocidade ou de direção
- Baixa taxa de desgaste

Existem várias vantagens significativas dos servoaccionamentos hidráulicos em relação aos accionamentos por motor elétrico:

♦ Os accionamentos hidráulicos têm relações potência/peso substancialmente mais elevadas, o que resulta em frequências de ressonância da estrutura da máquina mais elevadas para um determinado nível de potência.

◆ Os actuadores hidráulicos são mais rígidos do que as unidades eléctricas, o que resulta numa maior capacidade de ganho de malha, maior precisão e melhor resposta em frequência.

◆ Os servos hidráulicos proporcionam um desempenho mais suave a baixas velocidades e têm uma vasta gama de velocidades sem circuitos de controlo especiais.

◆ Os sistemas hidráulicos são, em grande medida, auto-arrefecidos e podem ser operados em estado de paragem indefinidamente sem danos.

◆ Tanto os accionamentos hidráulicos como os eléctricos são muito fiáveis, desde que a manutenção seja cumprida.

◆ Os servos hidráulicos são normalmente menos dispendiosos para sistemas com mais de vários cavalos de potência, especialmente se a fonte de alimentação hidráulica for partilhada entre vários actuadores.

Tipos de Efectores Finais

1) Pinças standard (angulares e paralelas, pneumáticas, hidráulicas, eléctricas, de mola, de abertura assistida e de fecho por mola)

2) Pinças de vácuo (simples ou múltiplas, utilizar venturi ou bomba de vácuo)

3) Aspirar superfícies (vários orifícios de sucção, para agarrar materiais em tecido, superfícies planas, material em folha)

4) Pinças electromagnéticas (frequentemente utilizadas em conjunto com pinças normais)

5) Pinças de pressão de ar (tipo balão)

1. Dedos pneumáticos

2. Pinças para mandris

3. Pinças de pinos

6) Pinças para fins especiais (dispositivos de engate, posicionadores ou ferramentas personalizados)

7) Soldadura (MIG /TIG, arco de plasma, laser, ponto)

8) Pulverizadores de pressão (pintura, corte por jato de água, limpeza)

9) Tipo de corte a quente (laser, plasma, rebarbadoras-faca quente)

10) Tipo de polimento/moagem/desbaste

11) Tipo de perfuração/fresagem

12) Tipo de dosagem (adesivo, vedante, espuma)

Pinças mecânicas

As pinças mecânicas são utilizadas para pegar, mover, colocar ou segurar peças num sistema automatizado. Podem ser utilizadas em ambientes agressivos ou perigosos

VACUUM GRIPPERS: para componentes não ferrosos com superfícies planas e lisas, as garras podem ser construídas utilizando ventosas standard ou almofadas feitas de materiais tipo borracha. Não são adequadas para componentes com superfícies curvas ou com orifícios.

Pinças de vácuo

As ventosas transformam-se em ventosas, as ventosas são feitas de borracha. As ventosas estão ligadas através de tubos a dispositivos de pressão para apanhar objectos e, para os libertar, o ar é bombeado para as ventosas. A subpressão pode ser criada com os seguintes dispositivos:

As pinças de vácuo utilizam ventosas (ventosas) como dispositivos de recolha. Existem diferentes tipos de ventosas e as ventosas são geralmente feitas de poliuretano ou borracha e podem ser utilizadas a temperaturas entre -50 e 200 °C. As ventosas podem ser classificadas em quatro tipos diferentes: ventosas universais, ventosas planas com barras, ventosas com fole e ventosas de profundidade, como mostra a figura 3.

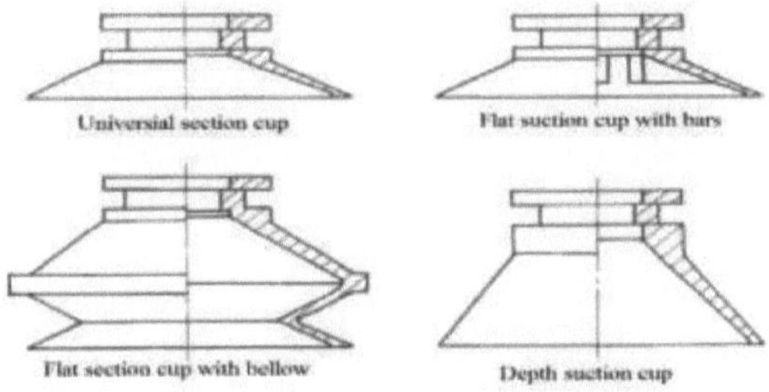

Fig 2.4 Ventosas

As ventosas universais são utilizadas para superfícies planas ou ligeiramente arqueadas. As ventosas universais são uma das ventosas mais baratas do mercado, mas existem várias desvantagens neste tipo de ventosas. Quando a pressão de sucção é demasiado elevada, a ventosa diminui muito, o que leva a um maior desgaste. As ventosas planas com barras são adequadas para objectos planos ou flexíveis que necessitam de assistência quando são levantados. Estes tipos de ventosas proporcionam um pequeno movimento sob carga e mantêm a área sobre a qual a pressão está a atuar, o que reduz o desgaste da ventosa plana com barras, o que leva a um movimento mais rápido e seguro. As ventosas com fole são normalmente utilizadas para superfícies curvas, por exemplo, quando é necessária uma separação ou quando um objeto mais pequeno está a ser agarrado e necessita de um movimento mais curto. Este tipo de ventosas pode ser utilizado em várias áreas, mas permite um grande movimento ao agarrar e uma baixa estabilidade com uma pequena pressão. A ventosa de profundidade pode ser utilizada em superfícies muito irregulares e curvas ou quando é necessário levantar um objeto sobre uma aresta[5]. [5] Os objectos com superfícies rugosas (rugosidade da superfície ≤ 5 µm para alguns tipos de ventosas) ou os objectos feitos de material poroso terão dificuldade em ser agarrados por vácuo. Não se recomenda o manuseamento de objectos com orifícios, ranhuras e fendas nas superfícies com pinças de vácuo. O ar na sucção é aspirado com uma das técnicas descritas anteriormente; se o material for poroso ou tiver orifícios na sua superfície, será difícil aspirar o ar. Nestes casos, a fuga de ar pode ser reduzida se forem utilizadas ventosas mais pequenas. A Figura 4 mostra diferentes tipos de ventosas.

Pinça magnética: utilizada para agarrar materiais ferrosos. A pinça magnética utiliza uma cabeça magnética para atrair materiais ferrosos, como placas de aço. A cabeça magnética é simplesmente construída com um núcleo ferromagnético e bobinas condutoras. As pinças magnéticas são mais vulgarmente utilizadas num robô como dispositivos finais para agarrar os materiais *ferrosos*. Trata-se de outro tipo de manuseamento das peças de trabalho, para além das pinças mecânicas e das pinças de vácuo. Tipos de pinças magnéticas:

As pinças magnéticas podem ser classificadas em *dois tipos comuns*, nomeadamente:

Pinças magnéticas com

Fig 2.5 Pinça magnética

Electroímanes:

As pinças electromagnéticas incluem uma *unidade de controlo* e uma *alimentação de corrente contínua* para manusear os materiais. Este tipo de pinças é fácil de controlar e muito eficaz na libertação da peça no final da operação do que os ímanes permanentes. Se a peça de trabalho agarrada tiver de ser libertada, o nível de polaridade é minimizado pela unidade de controlo antes de o eletroíman ser desligado. Este processo ajudará certamente a *remover o magnetismo* das peças de trabalho. Como resultado, esta pinça permite a melhor forma de libertar os materiais.

Ímanes permanentes:

Os ímanes permanentes não necessitam de qualquer tipo de energia externa, tal como os electroímanes, para manusear os materiais. Depois de esta pinça agarrar uma peça de trabalho, é necessário um dispositivo adicional, designado por *pino de remoção,* para separar a peça de trabalho do íman. Este dispositivo está incorporado nos lados da pinça.

A vantagem desta pinça de ímanes permanentes é que pode ser utilizada em aplicações perigosas, como *aparelhos à prova de explosão*, devido à ausência de circuito elétrico. Além disso, também não existe a possibilidade de *produção de faíscas*.

Benefícios:

Esta pinça necessita apenas de *uma superfície* para agarrar os materiais. A preensão dos materiais é efectuada *muito rapidamente*.

Não requer *projectos separados* para o manuseamento de materiais de diferentes dimensões.

É capaz de agarrar materiais com *orifícios*, o que é inviável nas pinças de vácuo.

Desvantagens:

A peça de trabalho agarrada tem a possibilidade de *escorregar* quando se move rapidamente.

Por vezes, *a presença de óleo* na superfície pode reduzir a resistência da pinça.

As *aparas de maquinagem* podem aderir à pinça durante a descarga.

CINEMÁTICA DO ROBÔ

A cinemática dos robots aplica a geometria ao estudo do movimento de cadeias cinemáticas com vários graus de liberdade que formam a estrutura dos sistemas robóticos. A ênfase na geometria significa que as ligações do robot são modeladas como corpos rígidos e que se assume que as suas articulações proporcionam rotação ou translação puras.

A cinemática dos robôs estuda a relação entre as dimensões e a conetividade das cadeias cinemáticas e a posição, velocidade e aceleração de cada um dos elos do sistema robótico, a fim de planear e controlar o movimento e calcular as forças e os binários dos actuadores. A relação entre as propriedades de massa e de inércia, o movimento e as forças e binários associados é estudada no âmbito da dinâmica dos robots. Os conceitos de cinemática de robôs estão relacionados com cadeias cinemáticas abertas e fechadas. A cinemática direta distingue-se da cinemática inversa.

MANIPULADOR EM SÉRIE:

Os manipuladores de série são os robots industriais mais comuns. São concebidos como uma série de elos ligados por articulações acionadas por motor que se estendem de uma base a um efector final. Têm frequentemente uma estrutura de braço antropomórfica descrita como tendo um "ombro", um "cotovelo" e um "pulso". Os robôs em série têm normalmente seis articulações, porque são necessários pelo menos seis graus de liberdade para colocar um objeto manipulado numa posição e orientação arbitrárias no espaço de trabalho do robô. Uma aplicação popular para os robôs em série na indústria atual é o robô de montagem "pick-and-place", denominado robô SCARA, que tem quatro graus de liberdade.

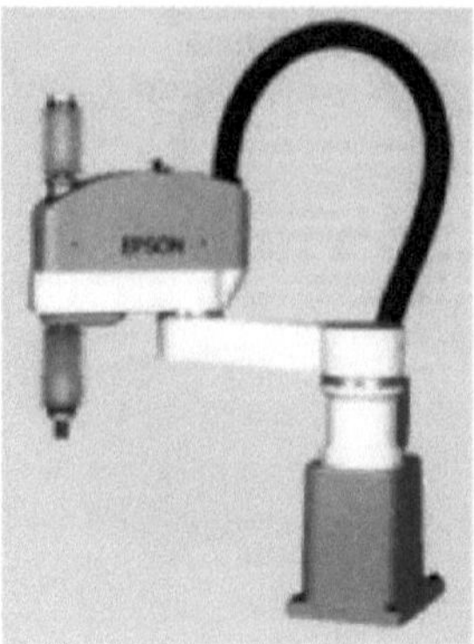

Fig 3.1 Robô SCARA

ESTRUTURA:

Na sua forma mais geral, um robô em série é constituído por um certo número de elos rígidos ligados por juntas. A cinemática inversa dos manipuladores em série com seis juntas rotativas e com três juntas consecutivas que se intersectam pode ser resolvida em forma fechada, ou seja, analiticamente. Este resultado teve uma enorme influência na conceção de robôs industriais.

A principal vantagem de um manipulador em série é um grande espaço de trabalho em relação ao tamanho do robô e ao espaço de chão que ocupa. As principais desvantagens destes robots são:

> A baixa rigidez inerente a uma estrutura cinemática aberta,

> Os erros são acumulados e amplificados de ligação para ligação,

> O facto de terem de transportar e movimentar o grande peso da maioria dos actuadores, e

> A carga efectiva relativamente baixa que podem manipular.

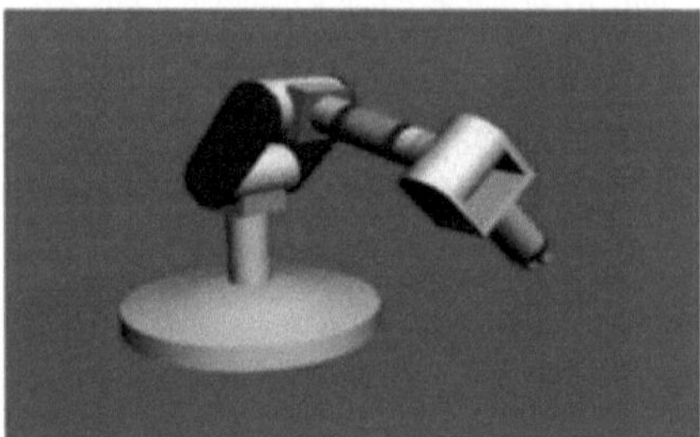

Fig. 3.2 Manipulador de série com seis DOF numa cadeia cinemática

MANIPULADOR PARALELO:

Um manipulador paralelo é um sistema mecânico que utiliza várias cadeias em série controladas por computador para suportar uma única plataforma, ou um efector final. Talvez o manipulador paralelo mais conhecido seja formado por seis actuadores lineares que suportam uma base móvel para dispositivos como simuladores de voo. Este dispositivo é designado por plataforma Stewart ou plataforma Gough-Stewart em reconhecimento dos engenheiros que primeiro os conceberam e utilizaram.

24

Também conhecidos como robôs paralelos ou plataformas de Stewart generalizadas (na plataforma de Stewart, os actuadores estão emparelhados tanto na base como na plataforma), estes sistemas são robôs articulados que utilizam mecanismos semelhantes para o movimento do robô na sua base ou de um ou mais braços manipuladores. A sua distinção "paralela", por oposição a um manipulador em série, reside no facto de a extremidade (ou "mão") desta articulação (ou "braço") estar ligada à sua base por um certo número (normalmente três ou seis) de articulações separadas e independentes que funcionam em paralelo. O termo "paralelo" é aqui utilizado no sentido informático e não geométrico; estas ligações actuam em conjunto, mas não está implícito que estejam alinhadas como linhas paralelas; neste caso, *paralelo* significa que a posição do ponto final de cada ligação é independente da posição das outras ligações.

Fig: 3.3 Representação abstrata de uma plataforma Hexapod (Plataforma de Stewart)

Cinemática de avanço:

É utilizado para determinar onde está a mão do robô, se todas as variáveis das articulações forem conhecidas)

Cinemática Inversa:

É utilizado para calcular a variável de cada articulação, se desejarmos que a mão esteja localizada num determinado ponto.

OS ROBOTS COMO MECANISMOS

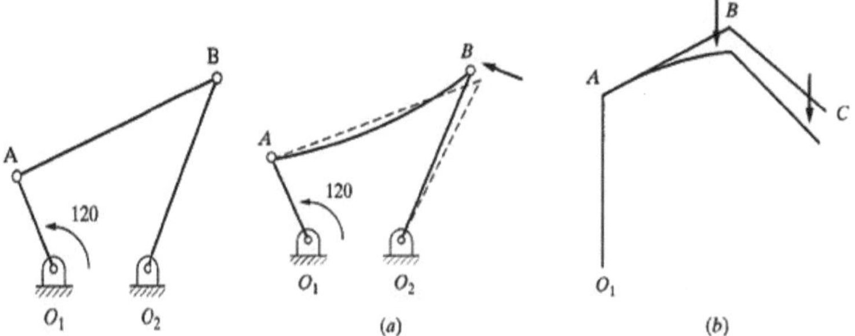

Fig 3.4 um mecanismo de um grau de liberdade em circuito fechado (a) Circuito fechado versus (b) circuito aberto Mecanismo de quatro barras

Representação de um ponto no espaço

Um ponto P no espaço: 3 coordenadas relativas a um quadro de referência

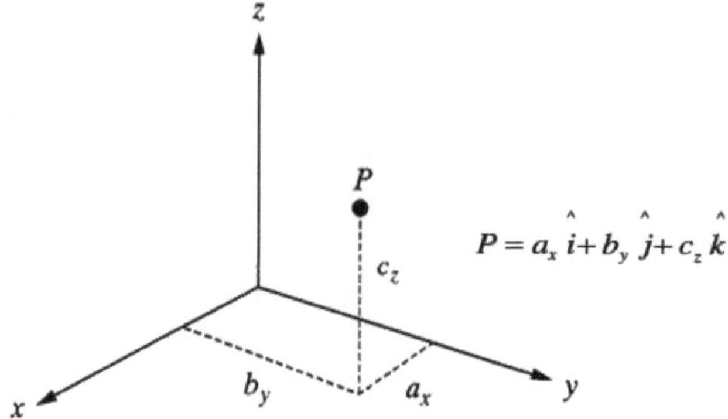

Fig. 3.5 Representação de um ponto no espaço

Representação de um vetor no espaço

Um vetor P no espaço: 3 coordenadas da sua cauda e da sua cabeça

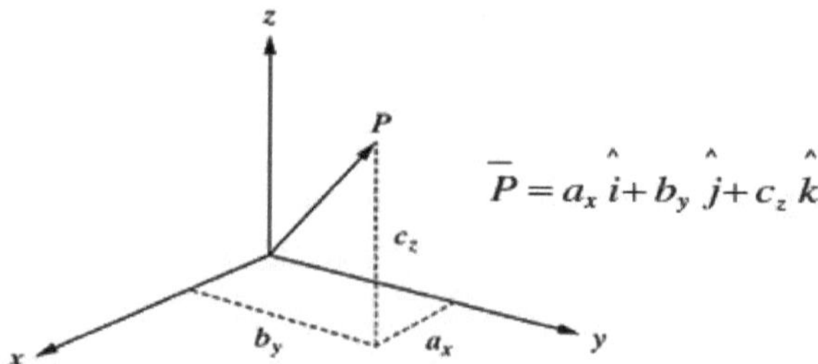

Fig. 3.6 Representação de um vetor no espaço

$$\overline{P} = \begin{bmatrix} x \\ y \\ z \\ w \end{bmatrix}$$

Representação de um quadro na origem de um quadro de referência fixo Cada vetor unitário é mutuamente perpendicular: normal, orientação, vetor de aproximação

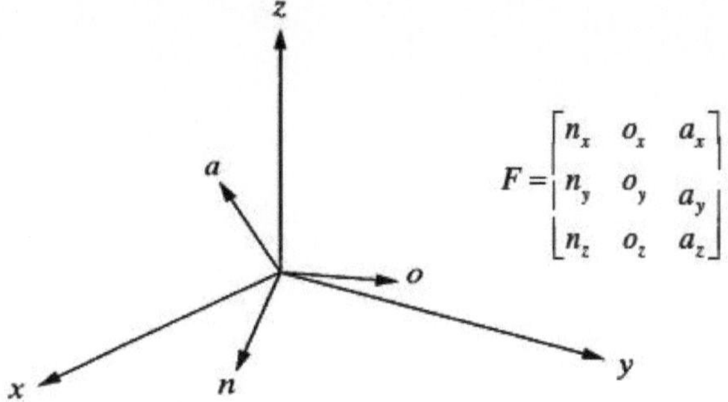

Fig. 3.7 Representação de um quadro na origem do quadro de referência

Representação de um quadro num quadro de referência fixo Cada vetor unitário é mutuamente perpendicular: normal, orientação, vetor de aproximação

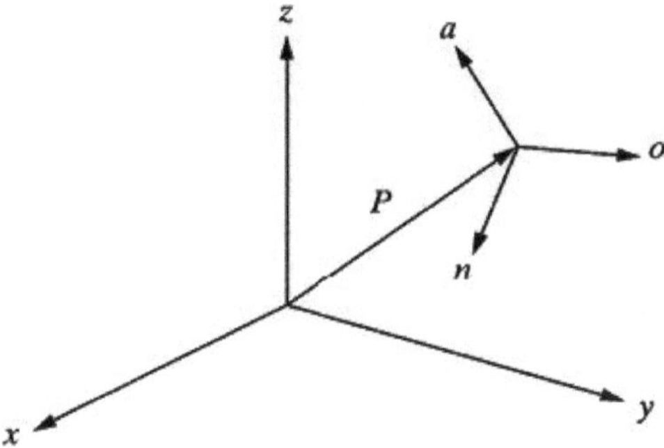

Fig. 3.8 Representação de um quadro num quadro

$$F = \begin{bmatrix} n_x & o_x & a_x & P_x \\ n_y & o_y & a_y & P_y \\ n_z & o_z & a_z & P_z \\ 0 & 0 & 0 & 1 \end{bmatrix}$$

Representação de um corpo rígido

Um objeto pode ser representado no espaço fixando-lhe uma moldura e representando a moldura no espaço.

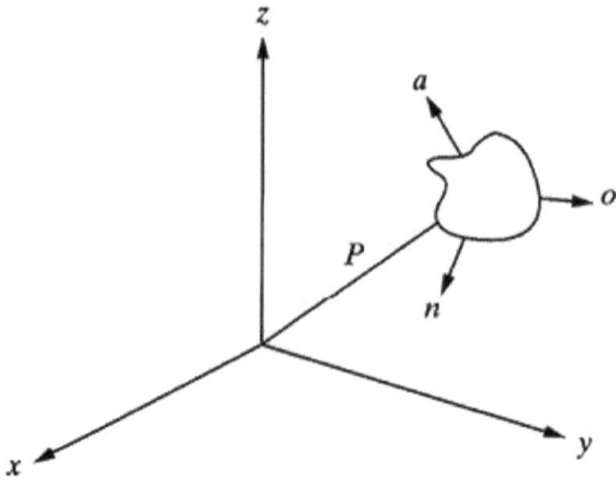

Fig. 3.9 Representação de um objeto no espaço

$$F_{object} = \begin{bmatrix} n_x & o_x & a_x & P_x \\ n_y & o_y & a_y & P_y \\ n_z & o_z & a_z & P_z \\ 0 & 0 & 0 & 1 \end{bmatrix}$$

MATRIZES DE TRANSFORMAÇÃO HOMOGÉNEA

As matrizes de transformação devem ter a forma quadrada. É muito mais fácil calcular a inversa de matrizes quadradas. Para multiplicar duas matrizes, as suas dimensões devem ser iguais.

Representação de uma translação pura ♦ Uma transformação é definida como a realização de um movimento no espaço. Ë Yma translação pura. Ë Yma rotação pura em torno de um eixo. Ë Yma combinação de translação ou rotações

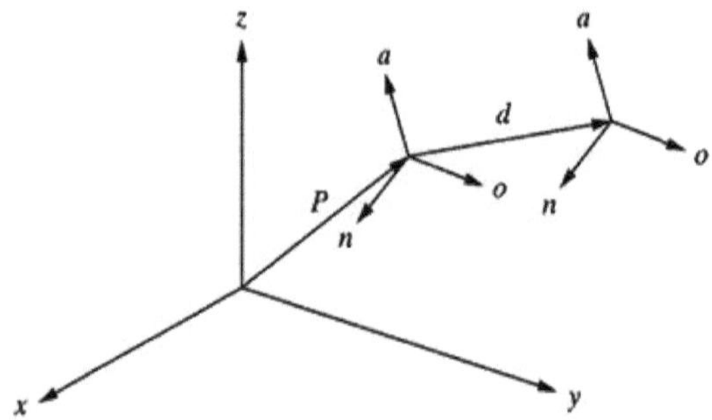

Fig. 3.10 Representação de uma translação pura no espaço

$$T = \begin{bmatrix} 1 & 0 & 0 & d_x \\ 0 & 1 & 0 & d_y \\ 0 & 0 & 1 & d_z \\ 0 & 0 & 0 & 1 \end{bmatrix}$$

Representação de uma Rotação Pura em torno de um Eixo Pressuposto: O quadro está na origem do referencial e é paralelo a ele.

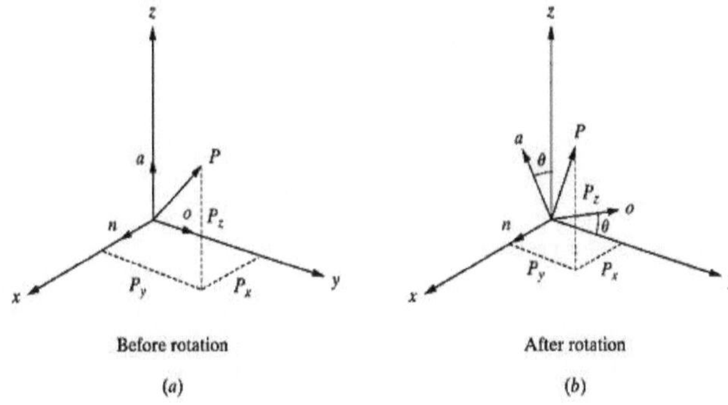

Fig. 3.11 Coordenadas de um ponto num quadro rotativo antes e depois da rotação

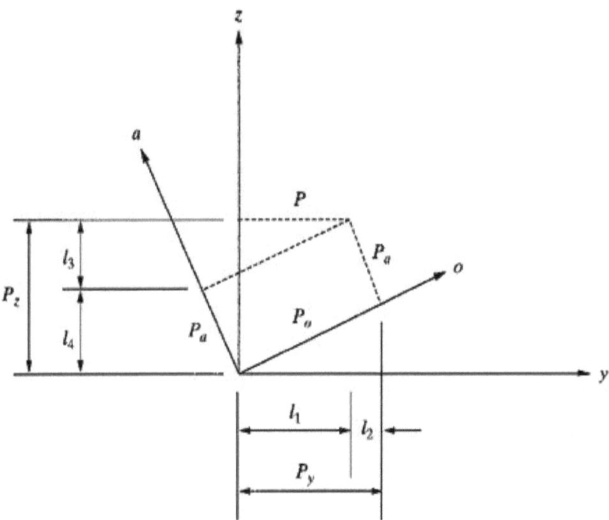

Fig. 3.12 Coordenadas de um ponto em relação à referência

Representação de Transformações Combinadas Um número de translações e rotações sucessivas

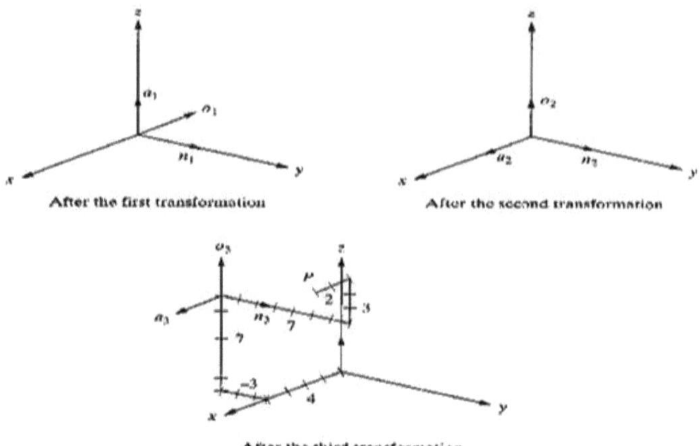

Fig. 3.13 Efeitos de três transformações sucessivas

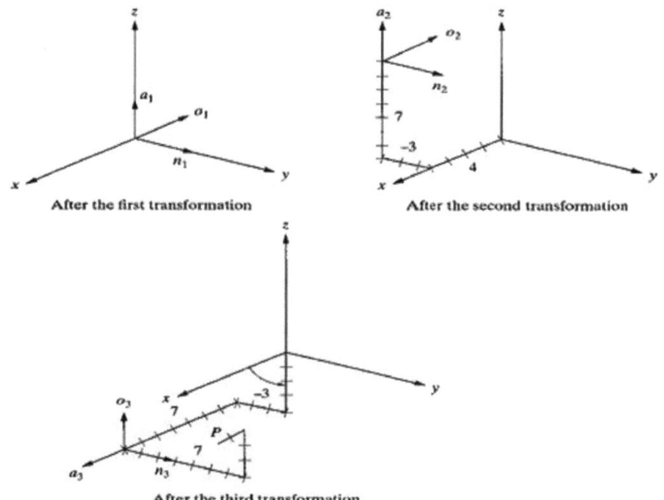

Fig. 3.14 A alteração da ordem das transformações altera o resultado final

Transformações relativas ao quadro rotativo

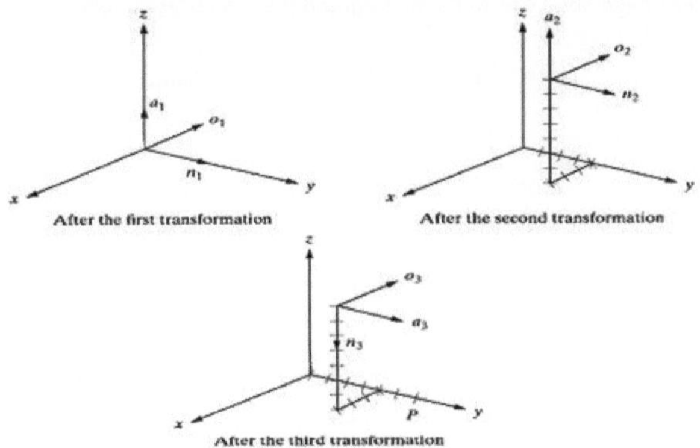

Fig. 3.15 Transformações relativas aos fotogramas actuais

EQUAÇÕES CINEMÁTICAS:

Uma ferramenta fundamental na cinemática dos robôs são as equações cinemáticas das cadeias cinemáticas que formam o robô. Estas equações não lineares são utilizadas para mapear os parâmetros das articulações para a configuração do sistema do robot. As equações cinemáticas são também utilizadas na biomecânica do esqueleto e na animação por computador de personagens articulados.

A cinemática direta utiliza as equações cinemáticas de um robot para calcular a posição do efector final a partir de valores especificados para os parâmetros das juntas. O processo inverso, que calcula os parâmetros das articulações que permitem obter uma posição específica do efector final, é conhecido como cinemática inversa. As dimensões do robot e as suas equações cinemáticas definem o volume de espaço que o robot pode alcançar, conhecido como espaço de trabalho.

Existem duas grandes classes de robots e equações cinemáticas associadas: manipuladores em série e manipuladores paralelos. Outros tipos de sistemas com equações cinemáticas especializadas são os robôs móveis aéreos, terrestres e submersíveis, os robôs hiper-redundantes ou serpentes e os robôs humanóides.

PARÂMETROS DENAVIT-HARTENBERG:

Os parâmetros de Denavit-Hartenberg (também designados por parâmetros DH) são os quatro parâmetros associados a uma convenção específica para a fixação de quadros de referência aos elos de uma cadeia cinemática espacial, ou manipulador robótico.

Convenção Denavit-Hartenberg:

Uma convenção comummente utilizada para selecionar quadros de referência em aplicações robóticas é a **convenção de Denavit e Hartenberg (D-H)**. Nesta convenção, as estruturas de coordenadas são ligadas às juntas entre dois elos, de modo a que uma transformação seja associada à junta [Z] e a segunda seja associada ao elo [X]. As transformações de coordenadas ao longo de um robot em série constituído por *n* elos formam as equações cinemáticas do robot,

$$[T] = [Z_1][X_1][Z_2][X_2]\ldots[X_{n-1}][Z_n],$$

Onde, [T] é a transformação que localiza o elo final.

Para determinar as transformações de coordenadas [Z] e [X], as articulações que ligam os elos são modeladas como articulações articuladas ou deslizantes, cada uma das quais com uma única linha S no espaço que forma o eixo da articulação e define o movimento relativo dos dois elos. Um robô de série típico é caracterizado por uma sequência de seis linhas s_i, *i=1,...,6,* uma para cada junta do robô. Para cada sequência de linhas s_i e s_{i+1}, existe uma linha normal comum $A_{i,i+1}$. O sistema de seis eixos de articulação s_i e cinco linhas normais comuns $A_{i,i+1}$ formam o esqueleto cinemático de um robô típico de seis graus de liberdade em série. Denavit e Hartenberg introduziram a convenção de que os eixos coordenados Z são atribuídos aos eixos das articulações s_i e os eixos coordenados X são atribuídos às normais comuns $A_{i,i+1}$.

Esta convenção permite definir o movimento das ligações em torno de um eixo comum da articulação s_i pelo deslocamento do parafuso,

$$[Z_i] = \begin{bmatrix} \cos\theta_i & -\sin\theta_i & 0 & 0 \\ \sin\theta_i & \cos\theta_i & 0 & 0 \\ 0 & 0 & 1 & d_i \\ 0 & 0 & 0 & 1 \end{bmatrix},$$

Onde θ_i é a rotação em torno de e d_i é o deslizamento ao longo do eixo Z---ambos os parâmetros podem ser constantes, dependendo da estrutura do robot. Segundo esta convenção, as dimensões de cada elo da cadeia em série são definidas pelo deslocamento do parafuso em torno da normal comum $A_{i,i+1}$ da junta s_i para s_{i+1}, que é dado por

$$[X_i] = \begin{bmatrix} 1 & 0 & 0 & r_{i,i+1} \\ 0 & \cos\alpha_{i,i+1} & -\sin\alpha_{i,i+1} & 0 \\ 0 & \sin\alpha_{i,i+1} & \cos\alpha_{i,i+1} & 0 \\ 0 & 0 & 0 & 1 \end{bmatrix},$$

Em que $\alpha_{i,i+1}$ e $r_{i,i+1}$ definem as dimensões físicas da ligação em termos do ângulo medido em torno do eixo X e da distância medida ao longo do eixo X.

Em resumo, os quadros de referência são definidos da seguinte forma:

> o eixo z está na direção do eixo da articulação

> o eixo x é paralelo à normal comum: $x_n = z_{n-1} \times z_n$ Se não existir uma única normal comum

normal (paralelo z eixos), então d (abaixo) é um parâmetro livre. A direção den vai de z_{n-l} a z_n, como mostra o vídeo abaixo.

> o eixo y_i decorre dos eixos x_i e z_i , escolhendo-o para ser um sistema de coordenadas à direita.

Quatro parâmetros

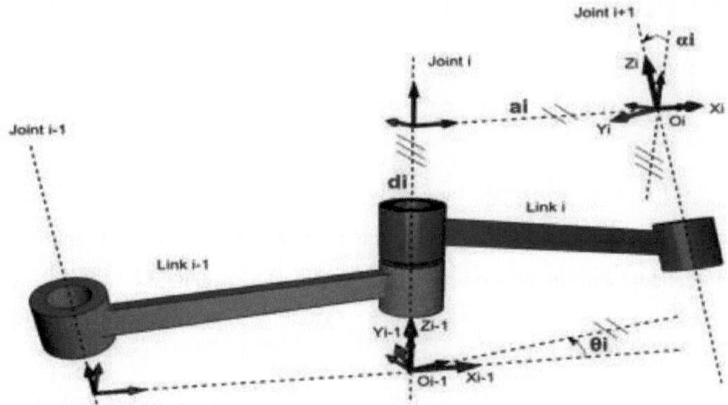

Os quatro parâmetros da convenção DH clássica são $\theta_i, d_i, a_i, \alpha_i.$ '. Com estes quatro parâmetros, podemos

traduzir as coordenadas de $O_{i-1}X_{i-1}Y_{i-1}Z_{i-1}$ to $O_iX_iY_iZ_i.$

A transformação dos quatro parâmetros seguintes, conhecidos como parâmetros D-H:

d: deslocamento ao longo do z anterior para a normal comum

θ: ângulo em relação ao z anterior, do antigo x para o novo x

r: comprimento da normal comum. Assumindo uma junta rotativa, este é o raio em torno do z anterior.

α: ângulo em torno da normal comum, do antigo eixo z para o novo eixo z

Existe alguma escolha na disposição dos fotogramas quanto ao facto de o eixo x anterior ou o próximo x apontar ao longo da normal comum. O último sistema permite ramificar cadeias de forma mais eficiente, uma vez que os vários fotogramas podem apontar para longe do seu ancestral comum, mas na disposição alternativa o ancestral só pode apontar para um sucessor. Assim, a notação comummente utilizada coloca cada eixo x da cadeia descendente colinear com a normal comum, produzindo os cálculos de transformação mostrados abaixo.

Podemos observar restrições nas relações entre os eixos:

> x_n é perpendicular a ambos os eixos z_{n-1} and z_n ;

> x_n O eixo - intersecta ambos os eixos z_{n-1} and z_n ε

> Origem da articulação n ¡ está na intersecção de x_n and z_n

> y_n ¡completa um quadro de referência à direita baseado em x_n and z_n

Matriz Denavit-Hartenberg:

É comum separar o deslocamento de um parafuso no produto de uma translação pura ao longo de uma linha e uma rotação pura sobre a linha,[5][6] de modo a que

$$[Z_i] = \text{Trans}_{Z_i}(d_i)\,\text{Rot}_{Z_i}(\theta_i),$$

E,

$$[X_i] = \text{Trans}_{X_i}(r_{i,i+1})\,\text{Rot}_{X_i}(\alpha_{i,i+1}).$$

Utilizando esta notação, cada ligação pode ser descrita por uma transformação de coordenadas do sistema de coordenadas anterior para o sistema de coordenadas seguinte.

$$^{n-1}T_n = \text{Trans}_{z_{n-1}}(d_n) \cdot \text{Rot}_{z_{n-1}}(\theta_n) \cdot \text{Trans}_{x_n}(r_n) \cdot \text{Rot}_{x_n}(\alpha_n)$$

Note-se que este é o produto de dois deslocamentos de parafuso, as matrizes associadas a estas operações são:

$$\text{Trans}_{z_{n-1}}(d_n) = \left[\begin{array}{ccc|c} 1 & 0 & 0 & 0 \\ 0 & 1 & 0 & 0 \\ 0 & 0 & 1 & d_n \\ \hline 0 & 0 & 0 & 1 \end{array}\right]$$

$$\text{Rot}_{z_{n-1}}(\theta_n) = \left[\begin{array}{ccc|c} \cos\theta_n & -\sin\theta_n & 0 & 0 \\ \sin\theta_n & \cos\theta_n & 0 & 0 \\ 0 & 0 & 1 & 0 \\ \hline 0 & 0 & 0 & 1 \end{array}\right]$$

$$\text{Trans}_{x_n}(r_n) = \left[\begin{array}{ccc|c} 1 & 0 & 0 & r_n \\ 0 & 1 & 0 & 0 \\ 0 & 0 & 1 & 0 \\ \hline 0 & 0 & 0 & 1 \end{array}\right]$$

$$\text{Rot}_{x_n}(\alpha_n) = \left[\begin{array}{ccc|c} 1 & 0 & 0 & 0 \\ 0 & \cos\alpha_n & -\sin\alpha_n & 0 \\ 0 & \sin\alpha_n & \cos\alpha_n & 0 \\ \hline 0 & 0 & 0 & 1 \end{array}\right]$$

Isto dá:

$$^{n-1}T_n = \left[\begin{array}{ccc|c} \cos\theta_n & -\sin\theta_n\cos\alpha_n & \sin\theta_n\sin\alpha_n & r_n\cos\theta_n \\ \sin\theta_n & \cos\theta_n\cos\alpha_n & -\cos\theta_n\sin\alpha_n & r_n\sin\theta_n \\ 0 & \sin\alpha_n & \cos\alpha_n & d_n \\ \hline 0 & 0 & 0 & 1 \end{array}\right] = \left[\begin{array}{ccc|c} & R & & T \\ \hline 0 & 0 & 0 & 1 \end{array}\right]$$

Onde R é a sub-matriz 3×3 que descreve a rotação e T é a sub-matriz 3×1 que descreve a translação.

REPRESENTAÇÃO DE DENAVIT-HARTENBERG DAS EQUAÇÕES CINEMÁTICAS AVANÇADAS DE UM ROBOT:

Denavit-Hartenberg Representação:

1. Forma simples de modelar ligações e articulações de robôs para qualquer configuração de robô, independentemente da sua sequência ou complexidade.

2. São possíveis transformações em quaisquer coordenadas.

3. Podem ser representadas quaisquer combinações possíveis de juntas e ligações e robôs articulados totalmente rotativos

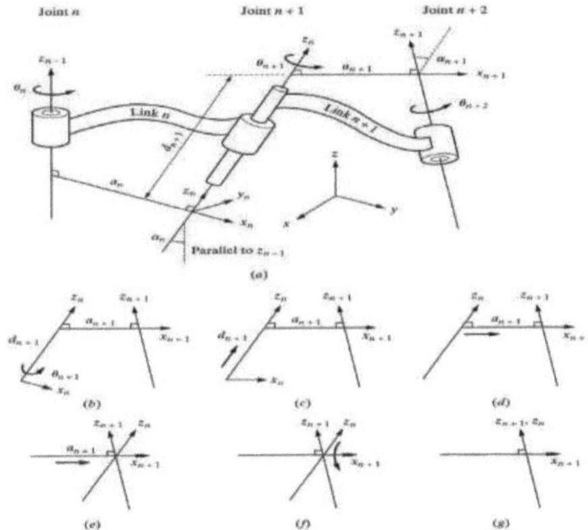

Fig 3.16 uma representação D-H de uma combinação de ligação de uso geral

PROCESSOS DE REPRESENTAÇÃO DENAVIT-HARTENBERG :

Ponto de partida:

♦ Atribuir o número de junta n à primeira junta apresentada.

♦ Atribuir um quadro de referência local a cada uma das articulações, antes ou depois destas.

♦ *O eixo Y* não é utilizado na representação D-H.

Procedimentos para atribuir uma estrutura de referência local a cada articulação:

Todas as articulações são representadas por um *eixo z*. (Regra da mão direita para a articulação rotativa, movimento linear para a articulação prismática)

♦ A normal comum é uma reta mutuamente perpendicular a duas rectas oblíquas quaisquer.

♦ As juntas paralelas *de eixos z* formam um número infinito de normais comuns.

♦ A intersecção dos *eixos z* de duas juntas sucessivas não tem normal comum entre elas (o comprimento é 0.).

Terminologias de símbolos:

- θ \ *Uma* rotação em torno do *eixo z*.

- *d* : A distância no *eixo z*.

- *a* : O comprimento de cada normal comum (Desvio de junta).

- α : O ângulo entre dois *eixos z* sucessivos (torção da junta)

Apenas θ e *d* são variáveis conjuntas

Os movimentos necessários para passar de um quadro de referência para outro.

I) Rodar em torno do *eixo z_n* uma potência de θ_{n+1}. (Coplanar)

II) Transladar ao longo do *eixo z_n* uma distância de d_{n+1} para tornar x_n e x_{n+1} colineares.

III) Transladar ao longo do *eixo x_n* uma distância de a_{n+1} para juntar as origens de x_{n+1}.

IV) Rodar *o eixo z_n* em torno do eixo x_{n+1} num ângulo de $a_{r,+1}$ para alinhar *o eixo Z_n* com o *eixo* Z_{n+1}.

Determine o valor de cada junta para colocar o braço numa posição e orientação desejadas.

$$^{R}T_{H} = A_1 A_2 A_3 A_4 A_5 A_6$$

$$= \begin{bmatrix} C_1(C_{234}C_5C_6 - S_{234}S_6) - S_1S_5C_6 & C_1(-C_{234}C_5C_6 - S_{234}C_6) + S_1S_5C_6 & C_1(C_{234}S_5) + S_1C_5 & C_1(C_{234}a_4 + C_{23}a_3 + C_2a_2) \\ S_1(C_{234}C_5C_6 - S_{234}S_6) + C_1S_5C_6 & S_1(-C_{234}C_5C_6 - S_{234}C_6) - C_1S_5C_6 & S_1(C_{234}S_5) - C_1C_5 & S_1(C_{234}a_4 + C_{23}a_3 + C_2a_2) \\ S_{234}C_5C_6 + C_{234}S_6 & -S_{234}C_5C_6 + C_{234}C_6 & S_{234}S_5 & S_{234}a_4 + S_{23}a_3 + S_2a_2 \\ 0 & 0 & 0 & 1 \end{bmatrix}$$

$$= \begin{bmatrix} n_x & o_x & a_x & p_x \\ n_y & o_y & a_y & p_y \\ n_z & o_z & a_z & p_z \\ 0 & 0 & 0 & 1 \end{bmatrix}$$

A SOLUÇÃO DO CINEMÁTICO INVERSO DO ROBOT:

$$A_1^{-1} \times \begin{bmatrix} n_x & o_x & a_x & p_x \\ n_y & o_y & a_y & p_y \\ n_z & o_z & a_z & p_z \\ 0 & 0 & 0 & 1 \end{bmatrix} = A_1^{-1}[RHS] = A_2A_3A_4A_5A_6$$

$$\begin{bmatrix} C_1 & S_1 & 0 & 0 \\ 0 & 0 & 1 & 0 \\ S_1 & -C_1 & 0 & 0 \\ 0 & 0 & 0 & 1 \end{bmatrix} \times \begin{bmatrix} n_x & o_x & a_x & p_x \\ n_y & o_y & a_y & p_y \\ n_z & o_z & a_z & p_z \\ 0 & 0 & 0 & 1 \end{bmatrix} = A_2A_3A_4A_5A_6$$

$$\theta_1 = \tan^{-1}\left(\frac{p_y}{p_x}\right)$$

$$\theta_2 = \tan^{-1}\frac{(C_3a_3 + a_2)(p_z - S_{234}a_4) - S_3a_3(p_xC_1 + p_yS_1 - C_{234}a_4)}{(C_3a_3 + a_2)(p_xC_1 + p_yS_1 - C_{234}a_4) + S_3a_3(P_z - S_{234}a_4)}$$

$$\theta_3 = \tan^{-1}\left(\frac{S_3}{C_3}\right)$$

$$\theta_4 = \theta_{234} - \theta_2 - \theta_3$$

$$\theta_5 = \tan^{-1}\frac{C_{234}(C_1a_x + S_1a_y) + S_{234}a_z}{S_1a_x - C_1a_y}$$

$$\theta_6 = \tan^{-1}\frac{-S_{234}(C_1n_x + S_1n_y) + S_{234}n_z}{-S_{234}(C_1o_x + S_1o_y) + C_{234}o_z}$$

PROGRAMA CINEMÁTICO INVERSO DE ROBOTS:

Um robô tem uma trajetória previsível numa linha reta ou uma trajetória imprevisível numa linha reta.

- É necessária uma trajetória previsível para recalcular as variáveis conjuntas. (Entre 50 e 200 vezes por segundo)
- Para que o robô siga uma linha reta, é necessário dividir a linha em várias pequenas secções.
- Devem ser eliminados todos os cálculos desnecessários.

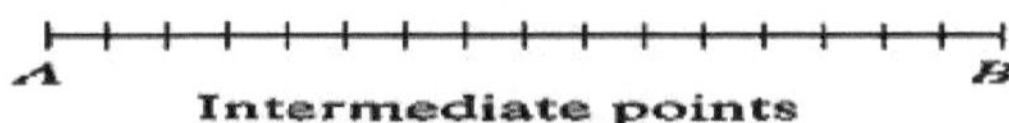

Pontos intermédios

Fig. 4.17 Pequenas secções de movimento para movimentos em linha reta

Degenerescência: O robô perde um grau de liberdade e, por isso, não pode atuar como desejado.

♦ Quando as articulações do robô atingem os seus limites físicos e, consequentemente, não podem continuar a mover-se.

♦ No ponto médio do seu espaço de trabalho, se os eixos z de duas juntas semelhantes se tornarem co-lineares.

Destreza: O volume de pontos onde se pode posicionar o robô como desejado, mas não orientá-lo.

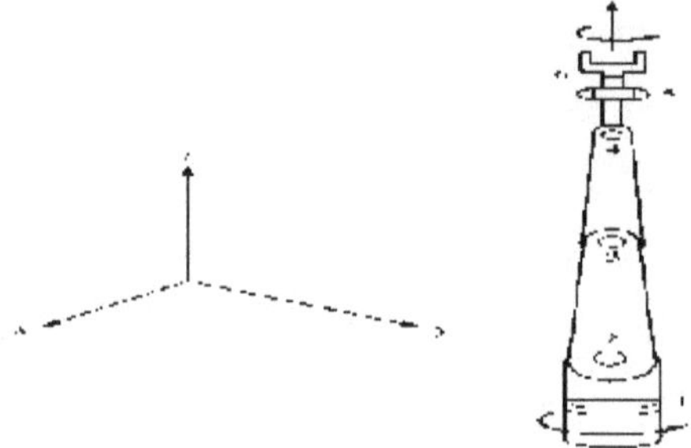

Fig. 3.18 Exemplo de um robô numa posição degenerada

O PROBLEMA FUNDAMENTAL DA REPRESENTAÇÃO D-H :

Defeito de apresentação de D-H: D-H não pode representar nenhum movimento em torno do *eixo y*, porque todos os movimentos são em torno dos *eixos x* e *z*.

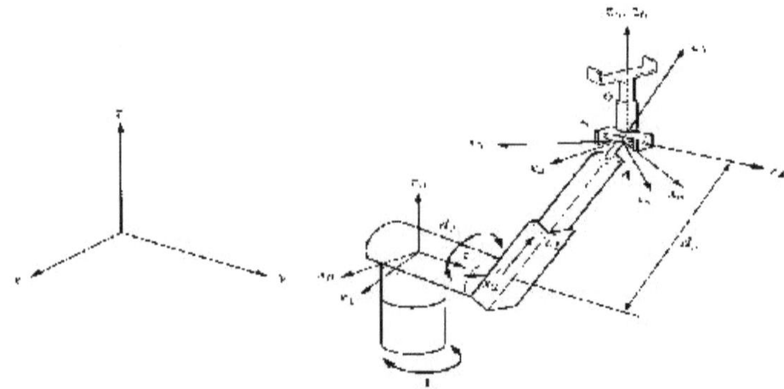

Fig. 3.19 as estruturas do braço de Stanford.

#	θ	d	a	a
1	θ_1	0	0	-90
2	θ_2	d_1	0	90
3	0	d_1	0	0

4	θ_4	0	0	-90
5	θ_5	0	0	90
6	θ_6	0	0	0

Tabela 3.1 Tabela de parâmetros para o braço de Stanford

INVERSA DAS MATRIZES DE TRANSFORMAÇÃO

Inversa das etapas de cálculo de uma matriz:

♦ Calcule o determinante da matriz.

♦ Transpor a matriz.

♦ Substituir cada elemento da matriz transposta pelo seu próprio menor (matriz ad-joint).

♦ Dividir a matriz convertida pelo determinante.

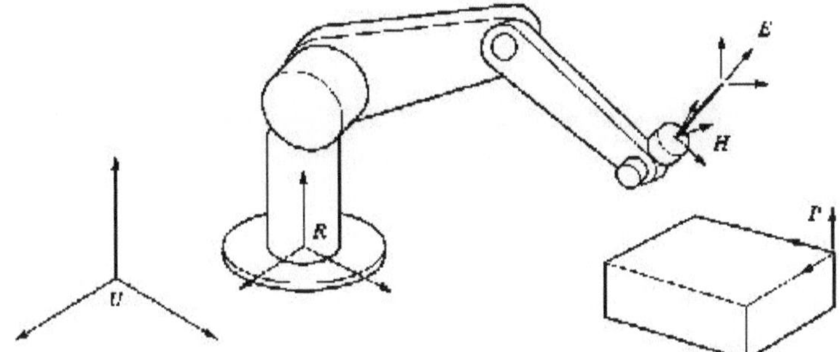

Fig 3.20 As estruturas do Universo, do robô, da mão, da peça e do efetuador final.

CINEMÁTICA DIRECTA E INVERSA DE ROBÔS:

Análise cinemática para a frente:

♦ Calcular a posição e a orientação da mão do robot.

♦ Se todas as variáveis das articulações do robot forem conhecidas, é possível calcular onde o robot se encontra em qualquer instante.

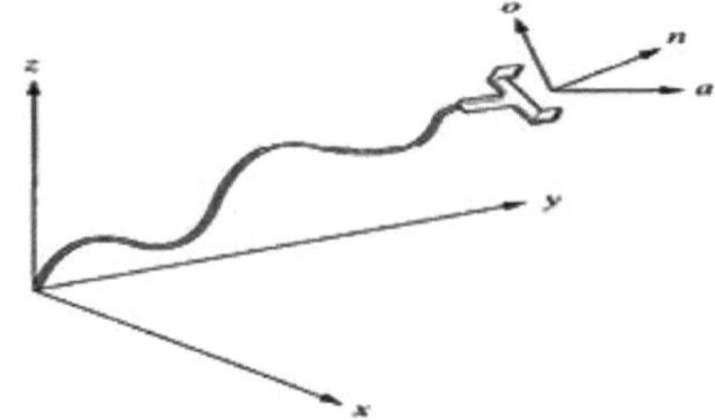

Fig. 3.21 A estrutura da mão do robot em relação à estrutura de referência

Equação da cinemática direta e da cinemática inversa para análise da posição:

a)   Coordenadas cartesianas (gantry, rectangulares).

b)   Coordenadas cilíndricas.

c)   Coordenadas esféricas.

d)   Coordenadas articuladas (antropomórficas ou totalmente rotativas)

Equações da cinemática direta e inversa para a posição

(a) Coordenadas cartesianas (pórtico, retangular): Robô IBM 7565

(a)   Todos os actuadores são lineares

(b)   Um robot de pórtico é um robot cartesiano

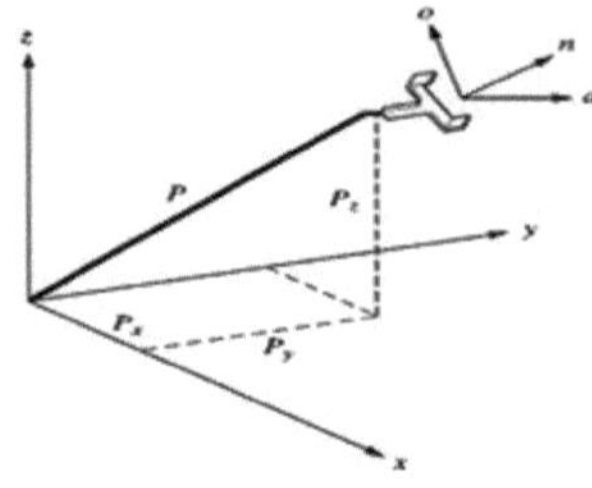

$${}^{R}T_{p} = T_{cart} = \begin{bmatrix} 1 & 0 & 0 & P_x \\ 0 & 1 & 0 & P_y \\ 0 & 0 & 1 & P_z \\ 0 & 0 & 0 & 1 \end{bmatrix}$$

Fig. 3.22 Coordenadas cartesianas

(c)   Coordenadas cilíndricas: 2 translações lineares e 1 rotação

♦ translação de r ao longo do eixo x

♦ rotação de α em torno do eixo z

♦ translação de l ao longo do eixo z

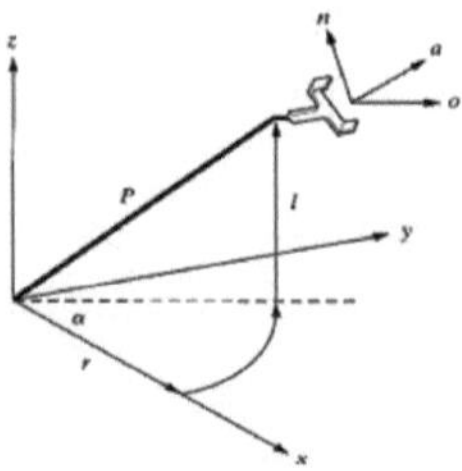

$${}^{R}T_{p} = T_{cyl}(r, \alpha, l) = \text{Trans}(0,0,l)\text{Rot}(z, \alpha)\text{Trans}(r,0,0)$$

$${}^{R}T_{p} = T_{cyl} = \begin{bmatrix} C\alpha & -S\alpha & 0 & rC\alpha \\ S\alpha & C\alpha & 0 & rS\alpha \\ 0 & 0 & 1 & l \\ 0 & 0 & 0 & 1 \end{bmatrix}$$

Fig. 3.23 Coordenadas cilíndricas

(d)   Coordenadas esféricas: 1 translação linear e 2 rotações

♦ translação de r ao longo do eixo z

♦ rotação de β em torno do *eixo* y

♦ rotação de γ ao longo do eixo z

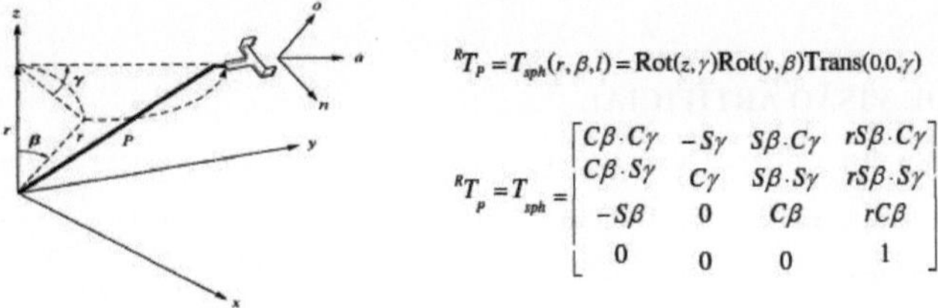

$$^{R}T_{p} = T_{sph}(r,\beta,l) = \mathrm{Rot}(z,\gamma)\mathrm{Rot}(y,\beta)\mathrm{Trans}(0,0,\gamma)$$

$$^{R}T_{p} = T_{sph} = \begin{bmatrix} C\beta \cdot C\gamma & -S\gamma & S\beta \cdot C\gamma & rS\beta \cdot C\gamma \\ C\beta \cdot S\gamma & C\gamma & S\beta \cdot S\gamma & rS\beta \cdot S\gamma \\ -S\beta & 0 & C\beta & rC\beta \\ 0 & 0 & 0 & 1 \end{bmatrix}$$

Fig. 3.24 Coordenadas esféricas

(e)   Coordenadas articuladas: 3 rotações -> representação de Denavit-Hartenberg

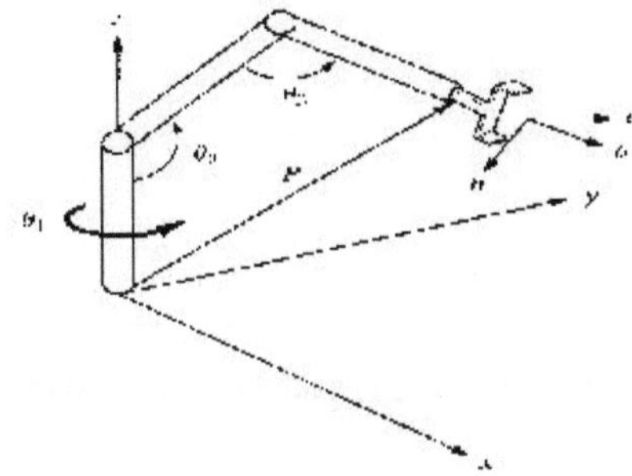

Fig. 3.25 Coordenadas articuladas.

Equações da cinemática direta e inversa para orientação

♦   Ângulos de rotação, inclinação e guinada (RPY)

♦   Ângulos de Euler

♦   Articulações articuladas

(a) Ângulos de rolamento, inclinação e guinada (RPY)

■   Rolamento: Rotação em torno do eixo - (*eixo z* do quadro móvel)

■   Inclinação: Rotação em torno do eixo - (eixo *y* do quadro móvel)

■   Guinada: Rotação em torno do eixo - (*eixo x* da estrutura móvel)

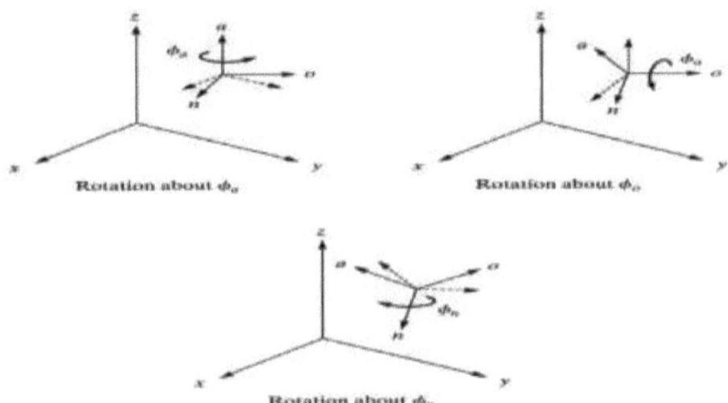

Fig. 3.26 Rotações RPY em torno dos eixos actuais

41

CAPÍTULO III

SISTEMA DE VISÃO ARTIFICIAL

Os sensores são dispositivos que podem detetar e medir propriedades físicas do ambiente,

Por exemplo, temperatura, luminosidade, resistência ao tato, peso, tamanho, etc. O fenómeno-chave é a transdução

A transdução (engenharia) é um processo que converte um tipo de energia noutro tipo de energia

Transdutor

Dispositivo que converte uma forma primária de energia num sinal correspondente com uma forma de energia diferente Formas primárias de energia: mecânica, térmica, electromagnética, ótica, química, etc.

assumir a forma de um sensor ou de um

Sensor do atuador (por exemplo, termómetro)

um dispositivo que detecta/mede um sinal ou estímulo adquire informações do "mundo real"

Deteção tátil

Os sensores tácteis e de toque são dispositivos que medem os parâmetros de um contacto entre o sensor e um objeto. Esta interação obtida está confinada a uma pequena região definida. Isto contrasta com um sensor de força e de binário que mede as forças totais aplicadas a um objeto. Na consideração da deteção tátil e do tato, são normalmente utilizadas as seguintes definições

Deteção de toque

Trata-se da deteção e medição de uma força de contacto num ponto definido. Um sensor tátil também pode limitar-se a informações binárias, nomeadamente toque e ausência de toque.

Deteção tátil

Trata-se da deteção e medição da distribuição espacial de forças perpendiculares a uma área sensorial pré-determinada e da subsequente interpretação da informação espacial. Uma matriz de sensores tácteis pode ser considerada como um grupo coordenado de sensores tácteis.

Sensores de força/torque

Os sensores de força/torque são frequentemente utilizados em combinação com matrizes tácteis para fornecer informações para o controlo da força. Um único sensor de força/torque pode detetar cargas em qualquer ponto da ligação distal de um manipulador e, não estando sujeito às mesmas restrições de embalagem que um sensor "skin", pode geralmente fornecer medições de força mais precisas com maior largura de banda. Se a geometria da ligação do manipulador estiver definida e se for possível assumir um ponto de contacto único (como no caso de um dedo de robô com uma ponta hemisférica em contacto com superfícies localmente convexas), então um sensor de força/torque pode fornecer informações sobre o local de contacto através de rácios de forças e momentos numa técnica denominada "deteção tátil intrínseca"

Sensor de proximidade

Um sensor de proximidade é um sensor capaz de detetar a presença de objectos próximos sem qualquer contacto físico. Um sensor de proximidade emite frequentemente um campo eletromagnético ou um feixe de radiação electromagnética (infravermelhos, por exemplo) e procura alterações no campo ou no sinal de retorno. O objeto que está a ser detectado é frequentemente referido como o alvo do sensor de proximidade. Diferentes alvos de sensores de proximidade exigem diferentes sensores. Por exemplo, um sensor capacitivo ou fotoelétrico pode ser adequado para um alvo de plástico; um sensor de proximidade indutivo requer sempre um alvo de metal. A distância máxima que este sensor pode detetar é definida como "alcance nominal". Alguns sensores têm ajustamentos do alcance nominal ou meios para comunicar uma distância de deteção graduada. Os sensores de proximidade podem ter uma elevada fiabilidade e uma longa vida funcional devido à ausência de peças mecânicas e à falta de contacto físico entre o sensor e o objeto detectado.

Os sensores de proximidade são normalmente utilizados em telefones inteligentes para detetar (e ignorar) toques acidentais no ecrã tátil quando são encostados ao ouvido durante uma chamada. Também são utilizados na monitorização da vibração de máquinas para medir a variação da distância entre um eixo e o seu rolamento de suporte. Isto é comum em grandes turbinas a vapor, compressores e motores que utilizam rolamentos do tipo manga.

Sensores de alcance

Os sensores de alcance incluem sensores que não requerem contacto físico com o objeto a ser detectado. Permitem que um robô veja um obstáculo sem ter de entrar em contacto com ele. Isto pode evitar um possível emaranhamento, permitir uma melhor prevenção de obstáculos (em comparação com os métodos de feedback por toque) e possivelmente permitir que o software distinga entre obstáculos de diferentes formas e tamanhos. Há vários métodos utilizados para permitir que um sensor detecte obstáculos à distância. Seguem-se alguns métodos comuns que variam em complexidade e capacidade, desde os mais básicos aos mais complexos. Os exemplos que se seguem destinam-se apenas a dar uma ideia geral de muitos tipos comuns de sensores de alcance e proximidade, tal como se aplicam habitualmente à robótica.

Sensores utilizados em robótica

Fig 3.1 Robô industrial com sensor

A utilização de *sensores* nos robots levou-os a um novo nível de criatividade. Mais importante ainda, os sensores aumentaram em grande medida o desempenho dos robots. Também permitem que os robots desempenhem várias funções como um ser humano. Os robôs tornam-se mesmo inteligentes com a ajuda de sensores visuais (geralmente designados por visão artificial ou visão por computador), que os ajudam a reagir de acordo com a situação. O sistema de visão artificial está classificado em seis subdivisões: pré-processamento, deteção, reconhecimento, descrição, interpretação e segmentação.

Diferentes tipos de sensores:

Este tipo de sensor é capaz de indicar a disponibilidade de um componente. Geralmente, o *sensor de proximidade* é colocado na parte móvel do robô, como por exemplo, a garra. Este sensor é ativado a uma distância específica, que é medida em pés ou milímetros. Também é utilizado para detetar a presença de um ser humano no volume de trabalho, de modo a reduzir os acidentes.

Sensor de alcance:

O sensor de alcance é implementado na extremidade de um robot para calcular a distância entre o sensor e uma peça de trabalho. Os valores da distância podem ser dados pelos trabalhadores com base em dados visuais. Pode avaliar o tamanho das imagens e a análise de objectos comuns. O alcance é medido utilizando receptores e transmissores de sonar ou duas câmaras de televisão.

Sensores tácteis:

Um dispositivo de deteção que especifica o contacto entre um objeto e um sensor é considerado como o

Sensor tátil. Este sensor pode ser classificado em dois tipos principais, nomeadamente: Sensor tátil e sensor de força.

Fig 3.2 Sensor tátil e sensor de força

O sensor tátil tem a capacidade de sentir e detetar o toque de um sensor e de um objeto. Alguns dos dispositivos simples mais utilizados como sensores tácteis são os micro-interruptores, os interruptores de fim de curso, etc. Se o dispositivo de ação final entrar em contacto com uma peça sólida, este sensor será útil para parar o movimento do robô. Além disso, pode ser utilizado como dispositivo de inspeção, que tem uma sonda para medir o tamanho de um componente.

O sensor de força está incluído para calcular as forças de várias funções, como a carga e a descarga da máquina, o manuseamento de materiais, etc., que são executadas por um robô. Este sensor será também o melhor no processo de montagem para verificar os problemas. Existem várias técnicas utilizadas neste sensor, como a deteção de articulações, a deteção da força do pulso do robô e a deteção de uma matriz tátil.

Aplicações robóticas de um sistema de visão artificial

Um sistema de visão artificial é utilizado num robô para *reconhecer* os objectos. É normalmente utilizado para executar as funções *de inspeção* em que os robôs industriais não estão envolvidos. É normalmente montado numa *linha de produção de alta velocidade* para aceitar ou rejeitar as peças de trabalho. As peças rejeitadas serão removidas por outros aparelhos mecânicos que estão em contacto com o sistema de visão artificial.

Sistema de visão artificial

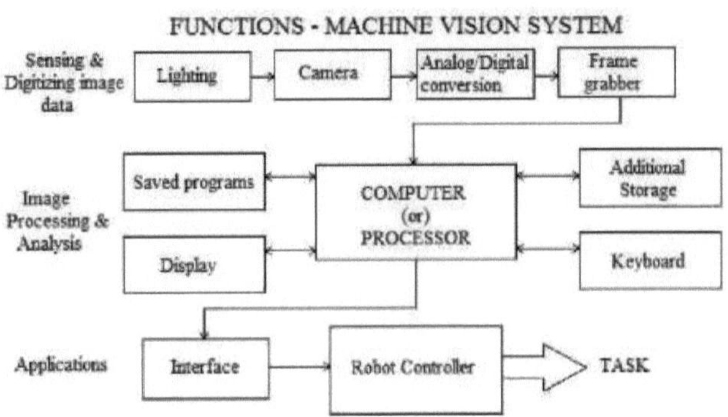

Fig 3.3 Diagrama de blocos das funções do sistema de visão artificial

O sistema de visão artificial é um *sensor* utilizado nos robôs para visualizar e reconhecer um objeto com a ajuda de um computador. É sobretudo utilizado nos robôs industriais para fins *de inspeção*. Este sistema é também conhecido como *visão artificial ou visão por computador*. Tem vários componentes, como uma câmara, um computador digital, hardware de digitalização e um hardware e software de interface. O processo de visão artificial inclui três tarefas importantes, nomeadamente

- Deteção e digitalização de dados de imagem
- Processamento e análise de imagens

Aplicações

Deteção e digitalização de dados de imagem:

Uma *câmara* é utilizada nas tarefas de deteção e digitalização para visualizar as imagens. Utiliza métodos de iluminação especiais para obter um melhor contraste da imagem. Estas imagens são transformadas em formato digital e são conhecidas como o *quadro dos dados de visão*. É incorporado um *dispositivo de captura de* imagens para obter imagens digitalizadas continuamente a 30 fotogramas por segundo. Em vez de projecções de cenas, cada fotograma é dividido como um triângulo. Ao efetuar a operação de amostragem na imagem, o número de pixels pode ser identificado. Os pixels são geralmente descritos pelos elementos da matriz. Um pixel é reduzido a um valor para medir a intensidade da luz. Como resultado deste processo, a intensidade de cada pixel é transformada num valor digital e armazenada na memória do computador.

Processamento e análise de imagens:

Nesta função, são efectuados os processos *de interpretação da imagem* e *de redução dos dados*. O limiar de um fotograma de imagem é desenvolvido numa imagem binária para reduzir os dados. A redução de dados ajudará a converter o fotograma de dados de imagem em bruto para os dados de valor de caraterística. Os dados do valor da caraterística podem ser calculados através de programação informática. Isto é efectuado através da *correspondência* dos descritores de imagem, como o tamanho e o aspeto, com os dados previamente armazenados no computador.

A função de processamento e análise de imagem será mais eficaz se o sistema de visão artificial for *treinado* regularmente. Há vários dados recolhidos no processo de formação, como o comprimento do perímetro, o diâmetro exterior e interior, a área, etc. Aqui, a câmara será muito útil para identificar a correspondência entre os modelos informáticos e os novos objectos de dados de valor de caraterísticas.

Aplicações:

Algumas das aplicações importantes do sistema de visão artificial nos robots são:

* Inspeção
* Orientação
* Identificação da peça
* Localização

Conversão de sinais

Os nossos módulos de interface são as ligações entre o processo físico real e o sistema de controlo. Utilize a versão [EEx ia] destes módulos funcionais para garantir uma transmissão de dados segura da área potencialmente explosiva para a área não perigosa e vice-versa. *Selecione abaixo as respectivas propriedades do produto. A coluna da direita ajusta imediatamente a lista de produtos e apresenta apenas os produtos que correspondem às suas especificações.*

Processamento de imagens

A visão robótica continua a ser tratada, incluindo diferentes métodos de processamento, análise e compreensão. Todos estes métodos produzem informações que são traduzidas em decisões para os robots. Desde o início da captura de imagens até à decisão final do robô, é utilizada uma vasta gama de tecnologias e algoritmos como um comité de filtragem e decisões.

Outro objeto com outras cores acompanhado de tamanhos diferentes. Um sistema de visão robótica tem de fazer a distinção entre objectos e, em quase todos os casos, tem de seguir esses objectos. Aplicados no mundo real para aplicações robóticas, estes sistemas de visão artificial são concebidos para duplicar as capacidades do sistema de visão humana utilizando código de programação e componentes electrónicos. Como os olhos humanos podem detetar e seguir muitos objectos ao mesmo tempo, os sistemas de visão robótica parecem ultrapassar a dificuldade de detetar e seguir muitos objectos ao mesmo tempo.

Visão artificial

Um sistema robótico encontra o seu lugar em muitos domínios da indústria e dos serviços robóticos. Mesmo quando são utilizados para identificação ou navegação, estes sistemas estão a ser continuamente melhorados com novas funcionalidades como o suporte 3D, a filtragem ou a deteção da intensidade da luz aplicada a um objeto.

Aplicações e benefícios para sistemas de visão robótica utilizados na indústria ou para robôs de serviço:

* automatização do processo;
* deteção de objectos;
* estimativa através da contagem de   qualquer tipo de   movimento;
* aplicações para segurança e vigilância;

- utilizado na inspeção para remover as peças com defeitos;
- aplicações de defesa;
- utilizados por veículos autónomos ou robôs móveis para navegação;
- para a interação entre o homem e o computador;

Software de localização de objectos

Um sistema de seguimento tem uma função bem definida, que é a de observar as pessoas ou os objectos quando estes estão em movimento. Além disso, o software de seguimento é capaz de prever a direção do movimento e reconhecer o objeto ou as pessoas. O OpenCV é a biblioteca de visão artificial mais popular e utilizada, com código-fonte aberto e documentação exaustiva. Começando pelo processamento de imagens, visão e seguimento 3D, adaptação e muitas outras funcionalidades, o sistema inclui mais de 2500 algoritmos. As interfaces da biblioteca têm suporte para C++, C, Python e Java (em funcionamento), e também podem ser executadas nos sistemas operativos Windows, Linux, Android ou Mac.

SwisTrack

Utilizado para o seguimento e reconhecimento de objectos, o SwisTrack é uma das ferramentas mais avançadas utilizadas em aplicações de visão artificial. Esta ferramenta de rastreio necessita apenas de uma câmara de vídeo para rastrear objectos numa vasta gama de situações. No seu interior, o SwisTrack foi concebido com uma arquitetura flexível e utiliza a biblioteca OpenCV. Esta flexibilidade abre as portas para a implementação de novos componentes de modo a satisfazer os requisitos do utilizador.

navegação visual

A navegação autónoma é uma das caraterísticas mais importantes de um robô móvel. Devido ao deslizamento e a alguns erros de deriva incorrigíveis dos sensores, é difícil para um robô móvel efetuar a sua própria localização após uma longa viagem. Neste artigo, foram utilizados os pontos de referência perceptuais para resolver este problema e foi adotado o controlo de serviço visual para o robô se localizar. Ao mesmo tempo, a fim de detetar e extrair os pontos de referência artificiais de forma robusta sob diferentes condições de iluminação, o modelo de cor dos pontos de referência foi construído no espaço de cor HSV. Todas estas funções foram testadas em tempo real em condições experimentais.

Detetor de bordos

O Robô Detetor de Arestas da IdeaFires é uma abordagem inovadora à aprendizagem da robótica. Trata-se de um robô autónomo simples equipado com módulos controladores e sensores. O robô detetor de bordas detecta as bordas da mesa ou de qualquer superfície e gira o robô de forma a evitar que ele caia.

CAPÍTULO IV

DISPOSITIVOS DE CONTROLO DE ROBÔS

Programação de robôs

De acordo com o desempenho *consistente* dos robôs nas indústrias, a programação dos robôs pode ser dividida em dois tipos comuns, tais como

- Método de programação de passagem
- Linguagens de robôs textuais

Método de programação por avanço:

Durante este método de programação, a deslocação dos robôs baseia-se nos movimentos desejados e é armazenada na memória do controlador externo. Existem dois modos de um sistema de controlo neste método, como o *modo de execução* e *o modo de ensino*. O programa é ensinado no modo de ensino e é executado no modo de execução. O método de programação "lead through" pode ser efectuado por dois métodos, nomeadamente

- Método de passagem motorizado
- Método de passagem manual

a) Método de avanço elétrico:

A passagem eléctrica é o método de programação comum nas indústrias. Neste método, é incorporada uma *consola de programação* para controlar os motores disponíveis nas articulações. Também é utilizado para operar o pulso e o braço do robot através de uma sequência de pontos. A reprodução de uma operação é feita através do registo destes pontos. O controlo de movimentos geométricos complexos é *difícil* de realizar na consola de aprendizagem. Como resultado, este método é bom para movimentos *ponto a ponto*. Algumas das principais aplicações são a soldadura por pontos, a carga e descarga de máquinas e o processo de transferência de peças.

b) Método de avanço manual:

Neste método, o programador desloca fisicamente a garra do robot nos movimentos pretendidos. Por vezes, pode ser difícil mover manualmente um braço grande. Para o evitar, é implementado um botão no pulso para uma programação especial. O método de passagem manual também é conhecido como método Walk método Walk Through. É utilizado principalmente para efetuar movimentos de trajetória contínua. Este método é o melhor para operações de pintura por pulverização e soldadura por arco.

Linguagens de robôs textuais:

Em 1973, foi desenvolvida a linguagem WAVE, que é também a primeira linguagem textual para robots. É utilizada para fazer a interface entre o sistema de visão artificial e o robot. Em seguida, a linguagem AL foi introduzida em 1974 para controlar vários braços de robôs durante a coordenação de braços. A linguagem VAL foi inventada em 1979 e é a linguagem comum de texto para robôs. Mais tarde, esta linguagem foi actualizada em 1984 e designada por VAL II. A IBM Corporation criou duas linguagens próprias, a AML e a AUTOPASS, que são utilizadas para as operações de montagem.

Outras linguagens de robôs textuais importantes são as linguagens de controlo de fabrico (MCL), RAIL e ferramentas programadas automáticas (APT).

Métodos de programação de robôs

Existem três métodos básicos para programar robôs industriais, mas atualmente mais de 90% são programados utilizando cada um dos métodos.

Método de ensino

A lógica do programa pode ser gerada usando um sistema baseado em menus ou simplesmente usando um editor de texto, mas a principal caraterística deste método é o meio pelo qual o robô recebe os dados posicionais. Uma consola de aprendizagem com controlos para conduzir o robô em vários sistemas de coordenadas diferentes é utilizada para conduzir manualmente o robô para os locais desejados.

Estas localizações são depois armazenadas com nomes que podem ser utilizados no programa do robot. Os sistemas de coordenadas disponíveis num robô de braço articulado padrão são :-

Coordenadas conjuntas

As articulações do robô são acionadas independentemente em qualquer direção.

Coordenadas globais

O ponto central da ferramenta do robot pode ser conduzido ao longo dos eixos X, Y ou Z do sistema global de eixos do robot. As rotações da ferramenta em torno destes eixos também podem ser efectuadas

Coordenadas da ferramenta

Semelhante ao sistema de coordenadas globais, mas os eixos deste sistema estão ligados ao ponto central da ferramenta do robot e, portanto, movem-se com ela. Este sistema é especialmente útil quando a ferramenta está próxima da peça de trabalho.

Coordenadas da peça de trabalho

Com muitos robots é possível configurar um sistema de coordenadas em qualquer ponto da área de trabalho. Estes podem ser especialmente úteis quando são necessários pequenos ajustes ao programa, uma vez que é mais fácil fazê-los ao longo de um eixo principal do sistema de coordenadas do que ao longo de uma linha geral. O efeito é semelhante ao de mover a posição e a orientação do sistema global de coordenadas.

Este método de programação é muito simples de utilizar quando são necessários movimentos simples. Tem a desvantagem de o robot poder estar fora de produção durante um longo período de tempo durante a reprogramação. Embora isto não seja um problema quando os robôs executam a mesma tarefa durante toda a sua vida, esta situação está a tornar-se menos comum e alguns sistemas de soldadura robotizados executam tarefas apenas algumas vezes antes de serem reprogramados.

Liderar através de

Este sistema de programação foi inicialmente popular, mas atualmente quase desapareceu. No entanto, ainda é utilizado por muitos robots de pulverização de tinta. O robô é programado por um operador, que o desloca fisicamente ao longo da tarefa. Isto é extremamente difícil quando são utilizados robôs de grandes dimensões e, por vezes, é utilizada uma versão mais pequena do robô para este fim. Quaisquer hesitações ou imprecisões que sejam introduzidas no programa não podem ser facilmente eliminadas sem reprogramar toda a tarefa. O rolo de controlo do robô regista simplesmente as posições das articulações num intervalo de tempo fixo e depois reproduz essas posições.

Programação off-line

Da mesma forma que os sistemas CAD estão a ser utilizados para gerar programas NC para fresadoras, também é possível programar robôs a partir de dados CAD. Os modelos CAD dos componentes são utilizados juntamente com os modelos dos robots que estão a ser utilizados e a fixação necessária. A estrutura do programa é construída da mesma forma que para a programação de ensino, mas estão disponíveis ferramentas inteligentes que permitem que os dados CAD sejam utilizados para gerar sequências de localização e informações de processo. Atualmente, são poucas as empresas que utilizam esta tecnologia, uma vez que ainda está a dar os primeiros passos, mas a sua utilização aumenta todos os anos. As vantagens desta forma de programação são as seguintes

· Redução do tempo de paragem para programação.

· As ferramentas de programação facilitam a programação.

· Permite a engenharia simultânea e reduz o tempo de execução do produto.

· Ajuda na conceção da célula e permite a otimização do processo

Linguagens de programação para robótica

Este artigo pretende dar uma introdução sobre algumas das linguagens de programação utilizadas para conceber robôs.

Há muitas linguagens de programação que utilizamos na construção de robôs, mas há algumas linguagens de programação que preferimos utilizar sempre na conceção. Na verdade, as linguagens de programação que utilizamos dependem principalmente do hardware que se está a utilizar na construção de robôs. Algumas delas são: URBI, C e BASIC. O URBI é uma linguagem de código aberto. Neste artigo, vamos tentar saber mais sobre estas linguagens. Comecemos pelo URBI.

URBI : URBI significa Universal Real-time Behavior Interface (Interface Universal de Comportamento em Tempo Real). É uma linguagem interpretada baseada em cliente/servidor em que o robô funciona como cliente e o controlador como servidor. Permite-nos conhecer os comandos que damos aos robôs e receber mensagens deles. O intérprete e o servidor são designados por "URBI Engine". O motor URBI utiliza os comandos do cliente e recebe mensagens. Esta linguagem permite ao utilizador trabalhar com o princípio básico da perceção-ação. Os utilizadores só têm de escrever alguns loops simples com base neste princípio diretamente no URBI.

PYTHON: Há outra linguagem que é utilizada na conceção de robôs. Python é uma linguagem orientada para objectos que é utilizada para aceder e controlar os robôs. Python é uma linguagem interpretada; esta linguagem tem aplicação no trabalho com robots móveis, nomeadamente os fabricados por diferentes empresas. Com Python, é possível utilizar um único programa para controlar muitos robôs diferentes. No entanto, Python é mais lenta do que C++, mas tem muitos aspectos positivos: é muito fácil interagir com robôs utilizando esta linguagem, é altamente portátil e pode ser executada em Windows e MAC OSX, além de ser facilmente extensível utilizando a linguagem C e C++. Python é uma linguagem muito fiável para a manipulação de cadeias de caracteres e o processamento de texto.

ROBOTC : Outras linguagens que utilizamos são C, C++ e C # etc. ou a sua implementação, como o ROBOTC, o ROBOTC é uma implementação da linguagem C. Se estivermos a conceber um simples

No caso do robô, não precisamos de código de montagem, mas, para a programação complexa, precisamos de códigos bem definidos. O ROBOTC é outra linguagem de programação baseada em C. É, de facto, uma linguagem de programação baseada em texto. Os comandos que queremos dar ao nosso robô começam por ser escritos no ecrã sob a forma de texto simples, mas, como sabemos, o robô é uma espécie de máquina e uma máquina só entende linguagem de máquina. Assim, estes comandos têm de ser convertidos em linguagem de máquina para que o robô possa facilmente compreender e fazer o que lhe for pedido.

Embora os comandos sejam dados em forma de texto (designados por códigos), esta linguagem é muito específica no que respeita aos comandos que são fornecidos como instruções. Se fizermos uma pequena alteração no texto dado, ele não aceitará o comando. Se o comando que lhe é dado estiver correto, o ROBOTC colore o texto, e ficamos a saber que o comando dado em forma de texto está correto (como mostramos no nosso exemplo abaixo). A programação feita no ROBOTC é muito fácil de fazer. Os comandos dados são muito diretos.

Por exemplo, se quisermos que o nosso robô ligue qualquer peça de hardware, só temos de fornecer o código relativo a essa ação em forma de texto. Suponhamos que queremos que o robô rode o motor da porta, basta dar o comando desta forma:

Embora o programa acima não seja mostrado exatamente da forma como deve ser escrito, isto é apenas para lhe dar uma visualização do que lhe dissemos. O ROBOTC oferece a vantagem da velocidade, um robô programado em ROBOTC suporta 45 vezes mais velocidade do que outra programação baseada em C e tem uma função de depuração muito poderosa.

ROBOTICS.NXT :

O ROBOTICS.NXT suporta um controlo simples baseado em mensagens. É um comando direto, o nxt-upload é um dos seus programas que é utilizado para carregar qualquer ficheiro. Funciona em Linux. Depois da introdução às linguagens de programação, é necessário saber algo sobre o MRDS. O MRDS é um ambiente concebido especialmente para o controlo de robôs.

Estúdio de Desenvolvimento de Robótica da Microsoft

O Microsoft Robotics Developer Studio é um ambiente destinado à simulação de robôs. Baseia-se numa implementação simultânea de uma biblioteca .net. Este ambiente tem suporte para que possamos adicionar outros serviços também. Tem caraterísticas que não só incluem a criação e a depuração de aplicações para robôs, como também facilita a interação direta com os sensores. A linguagem de programação C# é utilizada como linguagem principal. Tem 4 componentes principais:

- Linguagem de programação visual (VPL)
- Ambiente de simulação visual (VSE)

Concurrency and coordination Runtime é uma biblioteca de programação síncrona baseada no framework .net. Embora seja um componente do MRDS, pode ser utilizado em qualquer aplicação. O DSS é também um ambiente de tempo de execução .net. No DSS, os serviços são expostos como recursos a que se pode aceder através de programas. O DSS utiliza o DSSP (protocolo de serviços de software descentralizados) e o HTTP.

Se quisermos utilizar gráficos e efeitos visuais na nossa programação, utilizamos a VPL. A linguagem de programação visual é uma linguagem de programação que nos permite criar programas através da manipulação gráfica de linguagens de programação. Neste tipo de programação, utilizamos caixas e setas quando queremos mostrar coisas do tipo fluxo de dados.

A linguagem de programação visual tem uma enorme aplicação em animações. O último componente que vamos descrever é o Ambiente de Simulação Visual. O VSE permite simular objectos físicos. O ambiente de simulação visual é um ambiente integrado para aplicações de simulação baseadas em imagens, orientadas para objectos e componentes.

A programação em robótica é um tema muito vasto que não podemos abordar num único artigo. Este artigo é apenas uma introdução para aqueles que querem ter uma ideia sobre a utilização de linguagens na construção de robôs

Comandos de movimento e controlo de objectos

Os sistemas em tempo real são escravos do relógio. Conseguem a ilusão de um comportamento suave através da atualização rápida de um conjunto de sinais de controlo muitas vezes por segundo. Por exemplo, para rodar suavemente a cabeça de um robô para a direita, a cabeça tem de acelerar, deslocar-se a uma velocidade constante durante algum tempo e depois desacelerar. Isto consegue-se fazendo muitos pequenos ajustes nos binários dos motores. Outro exemplo: para que os LEDs do robot pisquem repetidamente, têm de ser ligados durante um certo período de tempo, depois desligados durante outro período de tempo, e assim por diante. Para que brilhem de forma constante a uma intensidade média, devem ser ligados e desligados muito rapidamente.

O sistema operativo do robô actualiza os estados de todos os reactores (servos, motores, LEDs, etc.) a cada poucos milissegundos. Cada atualização é designada por "frame" e pode acomodar alterações simultâneas em qualquer número de reactores. No AIBO, as atualizações ocorrem a cada 8 milissegundos e os quadros são armazenados em buffer quatro de cada vez, de modo que a aplicação deve ter um novo buffer disponível a cada 32 milissegundos; outros robôs podem usar intervalos de atualização diferentes. No Tekkotsu, esses buffers de quadros são produzidos pelo MotionManager, cujo trabalho é executar uma coleção de MotionCommands (MCs) simultaneamente ativos de vários tipos a cada poucos milissegundos. Os resultados destes MotionCommands são reunidos num buffer que é passado para o sistema operativo (Aperios para o AIBO, ou Linux para outros robots). Suponhamos que queremos que o robot acenda e apague os seus LEDs a um ritmo de uma vez por segundo. O que precisamos é de um MotionCommand que calcule novos estados para os LEDs cada vez que o MotionManager pedir uma atualização. LedMC, uma subclasse de Motion Command e LedEngine, realiza este serviço. Se criarmos uma instância do LedMC, lhe dissermos a frequência com que os LEDs devem piscar e o adicionarmos à lista de MCs activos do MotionManager, ele fará todo o trabalho por nós. Só há um senão: a nossa aplicação está a correr no processo Main, enquanto o MotionManager corre num processo Motion separado. Isso é necessário para garantir que os cálculos potencialmente longos que ocorrem no Main não impeçam o Motion de ser executado a cada poucos milissegundos. Então, como podemos nos comunicar com nosso MotionCommand e, ao mesmo tempo, torná-lo disponível para o Motion Manager?

Aplicações de robôs industriais

Carregamento da máquina

Carregamento de máquinas A primeira aplicação de robots industriais foi a descarga de máquinas de fundição injetada. Na fundição sob pressão, as duas metades de um molde ou matriz são mantidas juntas numa prensa enquanto o metal fundido, normalmente zinco ou alumínio, é injetado sob pressão. O molde é arrefecido com água; quando o metal solidifica, a prensa abre-se e um robot extrai a peça fundida e mergulha-a num tanque de arrefecimento para a arrefecer ainda mais. O robot coloca então a peça fundida numa prensa de corte, onde as partes indesejadas são cortadas. Muitas vezes, o robot agarra a peça fundida pelo jito. (O jito é a parte da peça fundida que solidificou nos canais através dos quais o metal fundido é bombeado para a peça fundida propriamente dita. Podem ser feitas várias peças fundidas de uma só vez; neste caso, são ligadas à calha por calhas. Quando a calha e os canais são cortados pela prensa de corte, a prensa deve ejetar automaticamente a(s) peça(s) fundida(s) para um transportador.

Pintura por pulverização

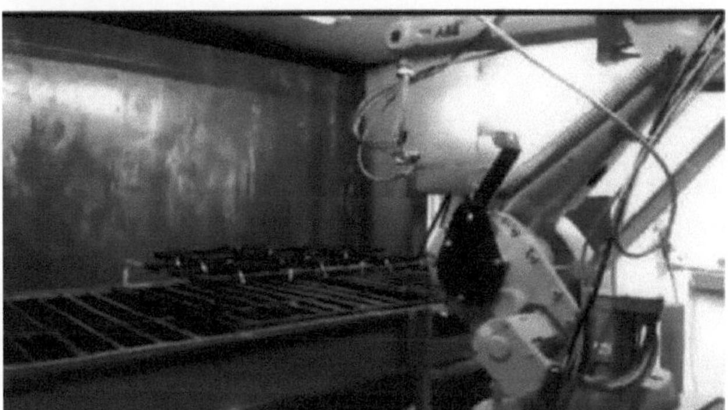

Fig 5.1 Pintura por pulverização

A pintura por pulverização é a principal aplicação do robô industrial, particularmente nas indústrias de fabrico de automóveis. Esta tecnologia é utilizada para efetuar a pintura por pulverização de peças sobresselentes de automóveis e de todos os componentes de automóveis.

Printed by Books on Demand GmbH, Norderstedt / Germany